科学与中国

十年辉煌　光耀神州

环境与资源科学技术集

白春礼　主编

图书在版编目(CIP)数据

科学与中国:十年辉煌 光耀神州(10集)/白春礼主编.—北京:北京大学出版社,2012.10

ISBN 978-7-301-21103-8

Ⅰ.科… Ⅱ.白… Ⅲ.① 科技发展-成就-中国 ② 技术革新-成就-中国 Ⅳ.① N12 ② F124.3

中国版本图书馆CIP数据核字(2012)第189567号

书　　　名:	科学与中国——十年辉煌 光耀神州(10集)
著作责任者:	白春礼　主编
丛 书 策 划:	周雁翎
丛 书 主 持:	陈　静
责 任 编 辑:	陈　静　李淑方　于　娜　郭　莉 邹艳霞　刘　军　唐知涵　周雁翎
标 准 书 号:	ISBN 978-7-301-21103-8/G·3485
出 版 发 行:	北京大学出版社　　新浪官方微博:@北京大学出版社
地　　　址:	北京市海淀区成府路205号　100871
网　　　址:	http://cbs.pku.edu.cn
电　　　话:	邮购部 62752015　发行部 62750672 编辑部 62767857　出版部 62754962
电 子 信 箱:	zyl@pup.pku.edu.cn
印　刷　者:	北京中科印刷有限公司
经　销　者:	新华书店
	650毫米×980毫米　16开本　200印张　1690千字 2012年10月第1版　2013年5月第2次印刷
定　　　价:	860.00元(10集)

未经许可,不得以任何方式复制或抄袭本书之部分或全部内容。
版权所有,侵权必究
举报电话:010-62752024　电子信箱:fd@pup.pku.edu.cn

编委会名单

主　编　白春礼

委　员（以姓氏笔画为序）
　　　　　王　宇　　王延觉　　石耀霖　　叶培建　　戎嘉余
　　　　　朱　荻　　朱邦芬　　朱雪芬　　刘嘉麒　　安耀辉
　　　　　孙德立　　李　灿　　吴一戎　　何积丰　　张　杰
　　　　　张启发　　陈凯先　　陈建生　　周其凤　　南策文
　　　　　侯凡凡　　郭光灿　　曹效业　　康　乐

秘书处
　　　　　周德进　　王敬泽　　刘春杰　　曾建立　　李　楠
　　　　　邱成利　　刘　静　　李　芳　　欧建成　　丁　颖
　　　　　赵　军　　谢光锋　　林宏侠　　马新勇　　申倚敏
　　　　　张家元　　傅　敏　　向　岚　　高洁雯

序　言

　　十年前,由中国科学院牵头策划,并联合中共中央宣传部、教育部、科学技术部、中国工程院和中国科学技术协会共同主办的"科学与中国"院士专家巡讲活动拉开了帷幕。这项活动历经十载,作为我国的一项高端科普品牌活动,得到了广大院士和专家的积极响应,以及社会公众的广泛支持和热烈欢迎。十年来,巡讲团举办科普报告800余场,涉及科技发展历史回顾、科技前沿热点探讨、科学伦理道德建设、科技促进经济发展、科技推动社会进步等五个方面,取得了良好的社会反响,在弘扬科学精神、普及科学知识、传播科学思想、倡导科学方法等方面作出了突出的贡献。

　　"科学与中国"院士专家巡讲团由一大批著名科学家组成,阵容强大,演讲内容除涉及自然科学领域外,还触及科学与经济、社会发展等人文领域,重点针对"气候与环境"、"战略性新兴产业"、"科学伦理道德"、"振兴老工业基地"、"疾病传染与保健"等社会关注的焦点问题和世界科技热点,精心安排全国各地的主题巡讲活动。同时,该活动还结合学部咨询研究和地方科技服务等工作开展调查研究,扩大巡讲实效。近年来,巡讲团针对不同人群的需要,创新开展活动的组织形式,分别在科技馆和党校开辟了面向社会公众和公务员的"科学讲坛"科普阵地,举办了资深院士与中小学生"面对面"对话交流活动。这些活动的实施在激励青少年学生成长成才和献身科学事业、培养广大领导干部科学思维与科学决策、引导社会公众全面正确认识科学技术等方面都起到了积极作用。如今,"科学与中国"院士专家巡讲活动已经成为我国高层次的科学文化传播活动,是科学家与公众的交流桥梁,是科学真谛与求知欲望紧密联结的纽带,是传播科学的火种。

科技创新,关键在人才,基础在教育。进入21世纪以来,世界科技发展势头更加迅猛,不断孕育出新的重大突破,为人类社会的发展勾勒出新的前景,世界政治、经济和安全格局正在发生重大变化。随着人类文明在全球化、信息化方面的进一

序言

步发展,国家间综合国力的竞争聚焦于科技创新和科技制高点的竞争,竞争的重点在人才,基础在教育。胡锦涛同志在2006年全国科学技术大会上曾经指出,要"创造良好环境,培养造就富有创新精神的人才队伍"。是否能源源不断地培养出大批高素质拔尖创新人才,直接关系到我国科技事业的前途和国家、民族的命运。由于历史的原因,作为一个人口大国,我国公众整体科学素养水平相对较低,此外,由于经济、社会发展不均衡,公众科学素养存在很大的城乡差别、地区差别、职业差别。所以,我国的科普工作作为公众科学教育的重要环节,面临着更加复杂的环境。中国科学院应当充分发挥自身的资源优势,动员和组织广大院士和科技专家以多种形式宣传科技知识,传播科学理念,积极开展科普活动,把传播知识放在与转移技术同样重要的位置,为培育高素质创新人才创造良好的环境条件并作出应有的贡献。

中国科学院学部联合社会力量共同开展高端科普工作的积极意义,不仅在于让公众了解自然科学知识,更在于提高公众对前沿科技的把握,特别是加深其对科学研究本身的思想、方法、精神、价值、准则的理解,这是对大中小学课程和社会公众再教育的重要补充。只有让公众理解科学,才能聚集宏大的人才队伍投身于科技创新事业,才能迸发持续不断的创新源泉,凝结为创新成果。

我们向社会公开出版院士专家的演讲报告文集,希望读者能够通过仔细阅读,深度体会科学家们的科学思想和科学方法,感受质疑、批判等科学精神和科学态度,理解科技的道德和伦理准则,把握先进文化和人类文明的发展方向,并在实际工作和社会生活中切实加以体会和运用。这也是中国科学院学部科学引导公众、支撑国家科学发展的职责之所在。

是为序。

2012年春

目 录

黄祖洽：人类生存的可持续发展 / 1

刘宝珺：资源、环境的科学发展观 / 25

刘东生：人与自然和谐发展 / 49

刘昌明：黄河水资源变化与可持续性利用的主要问题 / 81

孙广友：湿地与人类 / 119

施雅风：冰川、气候与水资源变化问题 / 147

张新时：西部生态圈 / 173

肖洪浪：西部水与生态 / 213

陆钟武：穿越"环境高山" / 233

高登义：极地变化与人类关系 / 257

人类生存的可持续发展
——以人为本的科学发展观

黄祖洽

一、人类生存发展面临的危机
二、关于能源的问题
三、人类生存的可持续发展的要求
四、中国可持续发展的五大瓶颈
五、中国进行的七个方面的能力建设
六、中国政府促进可持续发展的主张
七、科学发展观

【作者简介】黄祖洽,理论物理学家。1924年10月2日出生,湖南长沙人。1948年清华大学物理系毕业,1950年该校研究院理论物理研究生毕业。中共党员。北京师范大学教授、博士生导师。1980年当选为中国科学院学部委员(今称院士)。先后从事原子分子理论、原子核理论、反应堆和核武器的理论研究和设计以及输运理论的基础研究。中国核武器理论研究和设计的主要学术带头人之一,参加和领导了中国原子弹和氢弹的理论研究,为中国核武器的研制成功、设计定型及其他一系列科学研究作出了重要贡献。对中国第一个重水反应堆作了理论计算并纠正了苏联专家设计的临界大小数据的错误。近年来,开展了氢分子激发态的相互作用及浸润相变理论等方面的研究。作为主要作者之一的《原子弹氢弹设计原理中的物理力学数学理论问题》获1982年"国家自然科学一等奖";作为第一作者的《中子和稀薄气体的非平衡输运和弛豫过程》获1991年"国家教委科技进步一等奖"。1996年获"何梁何利基金科学与技术进步奖"。

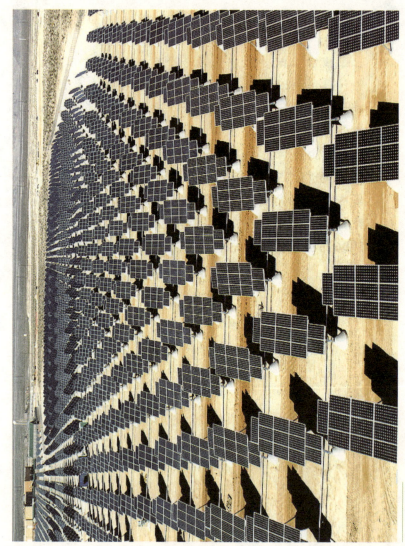

太阳能发电

人类生存的可持续发展

本文讨论关于人类生存与可持续发展的问题,也就是我们现在都提倡的以人为本的科学发展观。

提出发展问题的由来应该从所谓的《21世纪议程》说起。1992年里约地球高峰会议通过的《21世纪议程》,把可持续发展的能力建设明确地阐述为:一个国家的可持续发展能力,在很大程度上取决于在其生态和地理条件下人民和体制的能力。具体地说,能力建设包括一个国家在人力、科学、技术、组织、机构和资源方面的能力的培养和增强。能力建设的基本目标就是提高对政策的发展模式评价和选择的能力,这个能力提高的过程是建立在其国家的人民对环境限制与发展需求之间关系的正确认识的基础上的。所有国家都有必要增强这个意义上的国家能力。我们作为一个人口大国,更要增强这方面的能力。

在里约会议10周年的时候,也就是在2002年,联合国在南非举行了由100多位国家元首或政府首脑出席的纪念大会,会议总结了10年来世界各国在可持续发展理念指导下所取得的成功经验,同时也为新世纪全球走向更加理性的明天提出了新的战略设想。

那么,什么是人类生存的可持续发展呢?下面从七个方面介绍这个问题。第一,讨论人类生存发展面临的危机。第二,谈关于能源的问题,因为我个人长期从事原子能方面的研究,所以这个方面我可能稍微着重讲一些。第三,

环境与资源科学技术集

谈人类生存的可持续发展有些什么要求。第四个方面比较关键,谈中国可持续发展面临的五个方面的大瓶颈。第五,谈中国在可持续发展的国家行动中,进行了七个方面的能力建设。第六,讨论中国政府促进可持续发展的主张。第七归结到科学发展观。

一、人类生存发展面临的危机

过去常常说我们国家地大物博。实际上我们960万平方千米的国土也不小了,但是相对于我们现在的人口来说,有许多物资还是匮乏的。比如就拿水资源来说,水是人类生存发展所必不可少的,过去总认为空气和水是取之不尽、用之不竭的,实际上远远不是这样。比如说空气,我们现在就感觉到了新鲜空气的宝贵,它并不是取之不尽、用之不竭的。现在水在北京是一个严重的问题。从全国范围来说,我们水的问题也是很严重的。水资源按照我们的人口人均分配,不到世界平均量的1/10,何况我们水污染的问题很严重。就全球而言,人类生存发展面临的危机可以概括为:物资匮乏!能源短缺!环境污染!人口贫困!疾病流行!战争威胁!天外横祸!

二、关于能源的问题

地球上可利用的化石燃料（煤、石油、天然气等）热值约100Q（1Q=1.05×10^{21}焦耳，相当于400亿吨优质煤的热值），裂变燃料（铀、钍）热值约200Q。水中氘的聚变潜能约1.5×10^{15}Q。

上面讲的是地球上留存的可以利用的能源的大致数量，那么消耗情况呢？我这里有一个数字：20世纪90年代全球每年消耗的能量大约是0.25Q。另外，能量的消耗量是不断增加的，现在全球每年消耗的能量估计可能是0.5Q以上。

至于我国的能源结构，这里有一张表（见表1）。这张表从1970年开始统计，到2000年为止。2020年和2050年是估计的数字。从表中可以看出，在1970年我国有81.6%的能量依靠煤，石油和天然气占了15.3%，核能和水力才占了3.1%。到了1987年，石油和天然气占的份额提高到了23%，煤炭占了72.7%，水力和核能占了4.3%。到了2000年的时候，石油和天然气占到了24%，煤炭下降到了70%，水力和核能总共占5.5%，其中的核电占1%~2%。

表1 我国的能源结构(%)

年份	石油及天然气	煤炭	水力及核能(核电)
1970	15.3	81.6	3.1
1987	23	72.7	4.3
2000	24	70	5.5(1~2)
2020	20	65	13(4)
2050	15	50	30(20)

我国的能源结构存在一些问题。我国大气污染属煤烟型污染,以煤为主的能源结构是形成以城市为中心的大气污染的重要原因。排入大气中的90%的SO_2、70%的烟尘、85%的CO_2来自燃煤。据全国322个城市空气质量监测统计结果,大气中的SO_2和氮氧化物含量超过国家空气质量二级标准的城市有233个,多于72%。而且我国剩余可开采储量只有1390亿吨标准煤。按照2003年的开采速度16.67亿吨/年,仅能维持83年。我国石油资源不足,天然气资源也不够丰富。所以,开发新能源是保持可持续发展的重大课题。

为此,我国制订了核能发展计划。来自2004年9月在第19届世界能源大会上的数据显示,中国目前的核电仅占总电力的1.8%,到2020年将上升到4%。这意味着在未来16年中中国新增核发电量将达到3000万千瓦左右。为了满足我国经济发达地区急遽增长的电能需要,

发展核电是近期切实可行的办法。

发展核电具有多方面的优越性。

其一,经济性。一座100万千瓦的核电站,每年只需30吨左右的核燃料,而同功率的煤电站,每年需要330万吨的煤炭。核电站所需要燃料的重量远远小于煤电站。所以,如果用核电站代替煤电站,我们运输煤的压力也会大大减轻。但是核电站的建造费用比较高,大约是同样规模的煤电站的1.5倍。但是由于燃料是长期起作用的,所以核电的成本从长期来说是低于煤电的,在绝大多数发展核电的国家里都是如此。现在世界上核电所占份额最高的是法国,它70%以上的能源都是依靠核电供应的。

其二,核电站对改善环境起重要作用。一座1000MW(=100万千瓦)的煤电站,一年要向大气排放77万吨的烟尘、6.1万吨CO_2、1.3万吨氮氧化物、630公斤的强致癌物质3,4-苯并芘(每1000立方米空气中苯并芘增加1微克,肺癌发病率就增加5%~10%)。这个污染是非常严重的。而核电站不排放。大家都担心核电站的放射性,但是对环境的放射性污染,核电站要比煤电站小得多。为什么呢?因为煤渣及浮尘中含有铀、钍、镭和氡等微量的天然放射性同位素,由于煤电站中煤的吞吐量大,一座100万千瓦的煤电站,每年需要330万吨的煤炭。煤烧了以后,煤渣都堆积在那里,这些煤

含有的天然放射性元素大多都还残留在煤渣里。所以煤电站排放到环境中的放射性元素,比同规模的核电厂多几倍到几十倍。正常运行下核电厂放射性是非常小的。而煤电站消耗的煤太多,放射性污染难以控制。正常运行下的核电站,发电利用的是反应堆,反应堆一旦发生事故,那个时候产生的放射性就不得了。正常运行的反应堆因为一般有几层的保护,所以排放出来的放射性还是非常小的。

核燃料在反应堆中裂变时,要产生大量的放射性物质,因此,核电站是一个有很大潜在危险性的能源设施,对它必须处处设防,避免各种可能事故发生。现在核电站设计的安全标准很高,这是它建设投资成本高的重要原因。像压水堆核电站有4道安全屏障:第一道是二氧化铀陶瓷块,耐高温。燃料组件里边装的二氧化铀陶瓷块都是先做成的,这种陶瓷块耐高温,不容易融化。第二道是对燃料组件有很好的密封包壳。第三道是整个堆芯密封在压力容器内,这个压力容器有20厘米厚的钢壁。第四道是外面有坚固的安全壳。因此核电站的安全性能够保证。

那么过去有没有发生过事故?发生过两次著名的人为事故。一次是1979年美国三里岛核电站由于二回路故障,造成失水。二回路的作用本来是用循环于活性区内外的回路水把热排出去。它出了故障,造成失水,

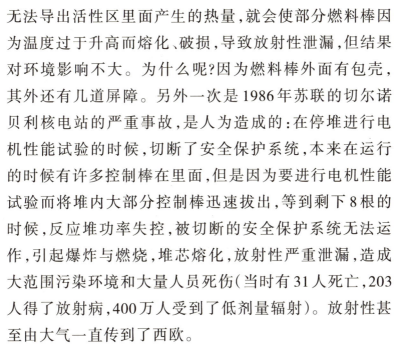

无法导出活性区里面产生的热量,就会使部分燃料棒因为温度过于升高而熔化、破损,导致放射性泄漏,但结果对环境影响不大。为什么呢?因为燃料棒外面有包壳,其外还有几道屏障。另外一次是1986年苏联的切尔诺贝利核电站的严重事故,是人为造成的:在停堆进行电机性能试验的时候,切断了安全保护系统,本来在运行的时候有许多控制棒在里面,但是因为要进行电机性能试验而将堆内大部分控制棒迅速拔出,等到剩下8根的时候,反应堆功率失控,被切断的安全保护系统无法运作,引起爆炸与燃烧,堆芯熔化,放射性严重泄漏,造成大范围污染环境和大量人员死伤(当时有31人死亡,203人得了放射病,400万人受到了低剂量辐射)。放射性甚至由大气一直传到了西欧。

  它发生事故技术上的原因是什么呢?这是因为它使用的反应堆是在军用生产堆——石墨水冷堆的基础上改造发展起来的,所以安全性比较低。由于石墨水冷堆体积庞大,为节省造价,外面没有安全壳,发生事故时就无法挽救。三里岛发生事故的时候之所以没有造成大的损失,这是因为压水堆有多道保护屏障,比较安全可靠。现在压水堆也在不断地发展,从三里岛的第一代压水堆,现在已经发展到了第二代、第三代、第四代。我们大亚湾核电站是第二代的,现在我们在研究第三代。国际上开始在研究第四代了。

除了核电和煤电以外,我们还需要关注可再生能源的利用。

在水电方面,我国水能资源是丰富的,可开发电量是3.78亿千瓦,占世界总量的16.7%。截至2003年年底,我国水电装机容量达到9217万千瓦,占发电总装机容量的24%,但是总发电量只占15%。为什么呢?因为在枯水季节就发不了电,所以总发电量只占15%。预计到2020年可达到2.7亿千瓦水电。

还有一个风能。由于改善环境的需要,近20年来国际上风电迅速发展,年增长率超过30%。到2003年世界累计风电装机量已经达到了约4000万千瓦。风能开发最多的是德国,它是占4000万千瓦的36.3%。我国风能资源也是相当丰富的,特别在新疆、内蒙古和沿海一带风力很大,风能资源很丰富,但是我们开发得比较少,只有57万千瓦,仅占4000万千瓦的1.4%。目前我国政府已经注意到了风能的问题,所以预期风能资源的开发会加速。

太阳能也是可再生能源。我国政府制订并实施了"中国光明工程"计划,2010年可利用光伏发电技术即利用太阳能技术解决2300万边远地区人口的用电问题。在边远地区建造大的煤电站和核电站都不太合适,但是太阳能的发电可以分散地进行,一个小村庄若有一个太阳能发电装置就可以解决该村庄的用电问题了。随着

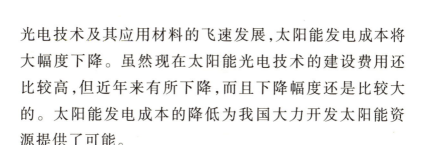

人类生存的可持续发展

光电技术及其应用材料的飞速发展,太阳能发电成本将大幅度下降。虽然现在太阳能光电技术的建设费用还比较高,但近年来有所下降,而且下降幅度还是比较大的。太阳能发电成本的降低为我国大力开发太阳能资源提供了可能。

还有就是生物质能。生物质能是一种很古老的能源。像农村烧柴就是利用生物质能,但是这种利用效率很低。现在我们农村在开展沼气发电,把生物质能如秸秆等东西放在发电池里和粪便放在一起,让它发酵,发酵以后产生沼气,用来发电、做饭、取暖,这样利用效率就提高了,同时改善了环境卫生。据估计,植物每年通过光合作用储存的太阳能相当于世界主要燃料消耗能的10倍。通过生物质能转换技术,可以高效地利用它来生产各种清洁燃料,既能减少环境污染,又能增加农民的收入。

现在看看世界二氧化碳的排放量,表2的统计数据是1995年的。从表中可见,排放量最多的是美国,它每年排放的量以百万吨为单位,有5228.52百万吨,占总排放量的23.7%。我们中国排放3006.77百万吨,占总排放量的13.6%。按人口平均,美国每人接近20吨,我们中国才2.51吨,数字差得很大。

表2 1995年世界二氧化碳排放量

国名	排放量(百万吨)	人均(吨/人)	百分比(%)
美国	5228.52	19.88	23.7
中国	3006.77	2.51	13.6
俄罗斯	1547.89	10.44	7.0
日本	1150.94	9.17	5.2
德国	884.41	10.83	4.0
印度	803.00	0.86	3.6
英国	564.84	9.64	2.6

以下我们讨论燃煤对我国的环境污染问题。燃煤对我国的环境污染中,酸雨、二氧化硫和烟尘危害最为严重,污染程度逐年加重。我国的酸雨主要分布在长江以南、青藏高原以东和四川盆地。华中地区酸雨污染最重,其中心区域酸雨年均pH低于4.0。我们知道,pH越低酸性越强,所以酸雨年均pH低于4.0,这个酸度相当的高。而这里的酸雨出现频率在80%以上。西南地区以南充、宜宾、重庆和遵义等城市为中心的酸雨区,近年来有所缓解,但仅次于华中地区。华南地区的重污染城市降水年均pH在4.5~5.5之间,中心区域酸雨出现频率在60%~90%的范围。广西地区的酸雨污染较普遍,大部分地区酸雨出现频率在30%以上。长江以北地区因为降水少,所受污染以二氧化硫和烟尘污染为主。目前酸雨波及的面积达100多万平方千米,占全国国土面积

的 10% 以上,年均降水 pH 低于 5.6 的区域占全国面积的 40%。长期酸雨导致农业生态环境急剧恶化,加速了土壤的酸化过程。

三、人类生存的可持续发展的要求

为了保证人类社会的可持续发展,我们对自然和社会规律要有更深刻的理解,要寻求和开发更合理的资源利用,要保持更美好的生活环境,要推动经济和社会更健康地发展,创造更高品位的人类文化。同时,应该维持国家之间和平共处,应该维持人和自然之间的和谐。

现在我们国家一再强调我们要创建和谐社会。上面提出的几个问题我们要想办法解决。有些问题需要在国际方面进行努力。比如说保持国家之间和平共处,就不是单靠我们中国就能够决定的。

如何满足人类生存的可持续发展的要求呢?

第一是通过学习和研究,提倡科学思想,加深对科学规律的认识,反对地方保护主义。地方保护主义是什么概念呢?比如说治理淮河的问题,淮河之所以长期治理却收不到很好的效果,主要就是因为地方保护主义。比如说有几个小造纸厂、化肥厂,当地政府考虑这些工厂可以创收,对地方财政有帮助,所以对它们姑息纵容,它们也就大胆制污排污。事实上它们的创收也极为有

环境与资源科学技术集

限,危害环境的代价要远远超过那么一点经济上的好处。政府在必要的时候应该对它们采取硬性取缔的态度。

第二是利用先进的科技手段,发展生产,保护环境。比如刚才我们已经提到了,在农村提倡发展沼气,提倡开展太阳能。

第三是弘扬科学精神,反对迷信和盲从。迷信造成环境污染,最明显的例子就是烧纸、祭拜、宴庆等。

第四是讲究科学方法,反对主观蛮干。我们国家曾有过主观蛮干的失误,比如1958年"大跃进"的时候,大炼钢铁就是主观蛮干,造成了很多浪费。我有一次到湖南去讲学,在火车上经过岳阳的时候,看到附近的山上都是光秃秃的。原来我也在那个地方念过书,那个时候山的覆被是很好的,青山绿水。原来的洞庭湖是中国的第一大淡水湖。你们大概也念过范仲淹写的《岳阳楼记》,对洞庭湖的描写很动人:"浩浩汤汤,横无际涯。朝晖夕阴,气象万千。此则岳阳楼之大观也。"当时洞庭湖是很大的,号称"八百里洞庭",起到了调节长江水、降低洪水灾害的作用。但是后来由于强调以粮食为纲,在洞庭湖周边围湖造田,致使湖水面积越来越小,淤积越来越多,现在的洞庭湖已经不再是中国的第一大湖了。中国现在的第一大湖泊是江西的鄱阳湖。所以主观蛮干的结果是对生态造成很大的破坏,严重影响可持续发

展。你看现在湖南每年都有旱灾、水灾,过去湖南是鱼米之乡,有"湖广熟,天下足"的说法。

第五是在不同文化价值观之间取得共识。现在不同文化价值观是造成紧张局势的主要根源之一。

最后一点是持续发展精神文明、物质文明和政治文明。

四、中国可持续发展的五大瓶颈

第一个瓶颈是人口再生产与物质再生产的自由分离。所谓自由分离就是不去管人口再生产与物质再生产之间的相互关系。大家都知道,北京大学原校长马寅初提出过计划生育的问题。如果人口的再生产不加限制的话,它会急速增长。而物质再生产由于资源的限制将不能迅速增长。这是马尔萨斯人口论早就预言过的。马寅初提倡计划生育,就被扣上了"马尔萨斯人口论"的帽子,而我国的人口在一段时间内也没有得到合理的控制。记得开始抗日战争的时候,中国的人口是4亿。经过抗日战争,死亡了7000万人。所以在建国初期,我国人口大概还不到4亿。可是现在已到了13亿,是那个时候的3倍多。现在我们已经认识到了这个问题,把计划生育列为基本国策。希望我国的人口再生产与物质再生产能够保持协调的发展。

第二个瓶颈是自然资源的生产价值与生态价值的急剧背离。我们刚才说到污染的问题,就是光考虑生产价值,不考虑生态价值。

第三个瓶颈是对环境容量的无偿占有与对环境质量的自觉养护之间的严重失衡。前两年我们发起了开发之风,到处划地要设计开发区,把许多耕地占过来划为开发区。结果既不开发也不耕种,使得我们耕地的面积急剧地缩小。这是对环境容量的不尊重。

第四个瓶颈是追求经济增长的效率与保障社会发展公平之间的失调。效益和公平是我们社会面临的一个重大问题。许多工人现在下了岗,再就业问题是社会面临的重要问题。

第五个瓶颈是成本外部化所导致的制度失灵与"绿色GDP"的概念之间的矛盾。现在的假冒伪劣产品和制度是有关系的,假冒伪劣产品受利益驱动,使成本外部化。而绿色GDP=现行GDP-自然部分扣除-人文部分扣除。什么是自然部分扣除?它包括:环境污染所造成的环境质量下降,自然资源的退化与匹配的不均衡,长期生态质量的退化所造成的损失,自然灾害所引起的经济损失,资源稀缺性所引发的成本,物质、能量的不合理利用所导致的支出。什么是人文部分扣除?它包括:由于疾病和公共卫生条件所导致的支出,由于失业所导致的损失,由于犯罪所造成的损失,由于官吏腐败所造成的损失,由于教育水平低下和文盲状况导致的损失,由于人口数量失控所导致的损失,由于管理不善(及决策失误)所造成的损失。

五、中国进行的七个方面的能力建设

中国在可持续发展的国家行动中,进行了七个方面的能力建设。这七个方面是:资源节约化的经济体系、社会公平化的社会体系、支撑国家综合实力的经济体系、保持自然生产能力的生态体系、促进环境质量提高的环境体系、提高国民整体素质的人口体系、规范合理行为的政策法规体系。

六、中国政府促进可持续发展的主张

2002年9月3日,在约翰内斯堡举行的可持续发展世界首脑会议上,我国总理朱镕基发言,阐明了中国政府促进可持续发展的五点主张:

第一,深化对可持续发展的认识。要坚持以各国的多样化发展为基础,通过局部发展促进全球发展,将解决各国面临的问题和解决全球环境问题结合起来,努力实现全球的可持续发展。

第二,实现可持续发展要靠各国共同努力。要以共同发展为目标,建立相互尊重、平等互惠的新型伙伴关系。坚持"共同但有区别的责任"的原则。联合国应在协调国际环境与发展总体战略以及技术转让、技术咨询、人员培训与援助等方面发挥积极作用。

第三,加强可持续发展中的科技合作。要把科学技术特别是信息、生物等高新技术领域的成果,广泛应用于资源利用、环境保护和生态建设。科学技术的传播不应以国划界。国际社会和各国政府要采取新的政策和机制,解决知识产权保护与科技成果推广应用之间的矛盾,促进国际间的技术转让。

第四,营造有利于可持续发展的国际经济环境。国际社会应充分理解发展中国家在资金、贸易、债务等方面的困难,采取有力措施,消除各种形式的贸易保护。呼吁新一轮全球多边贸易谈判要妥善处理贸易与环境的关系,使两者相互促进。

第五,推进可持续发展离不开世界的和平稳定。和平是人类生存发展最重要的前提条件。各国应遵循联合国宪章的宗旨和原则,遵循公认的国际关系准则,共同维护地区与世界的和平稳定。一切国际争端和地区冲突都应通过和平方式解决,反对诉诸武力或以武力相威胁。

近十年中国国内生产总值增长了1.58倍。在经济持续、快速发展和人民生活水平不断提高的同时,人口

人类生存的可持续发展

过快增长的势头得到控制,自然资源保护和管理得到加强,环境污染治理和生态建设步伐加快,部分城市和地区环境质量有较大改善。经过长期探索,我们已经找到了中国特色的发展模式,可持续发展呈现良好的前景。到2005年,生态恶化趋势总体上得到遏制,主要污染物排放量比2000年已减少了10%。到2010年,中国国内生产总值比2000年增长一倍,国民素质不断提高,国土资源开发将更趋合理,生态环境质量将进一步得到改善,经济与人口、资源、环境协调发展将取得更加丰硕的成果。

七、科学发展观

科学发展观就是"坚持以人为本,树立全面、协调、可持续的发展观,促进经济社会和人的全面发展",按照"统筹城乡发展、统筹区域发展、统筹经济社会发展、统筹人与自然和谐发展、统筹国内发展和对外开放"的要求推进各项事业的改革和发展。

我国提出的科学发展观,把坚持以人为本和实现经济社会全面、协调、可持续发展统一起来,按照"五个统筹"的要求推进改革和发展。科学发展观的实质是要抓住和用好战略机遇期,实现经济社会更快更好地发展。这包括以下七个方面的内容:

一是坚持以经济建设为中心。我国正处在并将长期处在社会主义初级阶段,这个阶段的根本任务就是发展生产力。我们党执政兴国的第一要务是发展,首先要集中力量把经济搞上去。作为一个发展中大国需要长期保持较快的发展速度,并实现速度、结构、质量、效益的统一。这样才能为社会全面进步和人的全面发展提供物质基础。

二是坚持经济社会协调发展。在推进经济发展的同时,更加注重加快社会发展,努力解决经济和社会发展中存在的"一条腿长、一条腿短"的问题。

三是坚持城乡协调发展。要站在国民经济发展全局的高度研究解决"三农"问题,实行以城带乡、以工促农、城乡互动、协调发展,逐步改变城乡二元经济结构。

四是坚持区域协调发展。坚持推进西部大开发,振兴东北地区等老工业基地,促进中部地区崛起,鼓励东部地区加快发展,形成东中西互动、优势互补、相互促进、共同发展的新格局。

五是坚持可持续发展。统筹人与自然和谐发展,处理好经济建设、人口增长与资源利用、生态环境保护的关系。建设资源节约型和生态保护型社会。

六是坚持改革开放。统筹推进各方面改革,为促进经济社会全面、协调和可持续发展提供体制和机制保障。统筹国内发展和对外开放,处理好内需与外需、利

人类生存的可持续发展

用外资与利用内资的关系,充分利用国内外两个市场、两种资源。

七是坚持以人为本。这是科学发展观的本质和核心,是坚持立党为公、执政为民的必然要求。要把人民的利益作为一切工作的出发点和落脚点,不断满足人们的多方面需求和实现人的全面发展。

切尔诺贝利灾难发生后,方圆四平方千米的森林寸草不生,因此被命名为四号红色森林

资源、环境的科学发展观

刘宝珺

一、我国的矿产问题
二、我国的能源问题
三、结束语：坚持科学发展观，保证资源、环境的可持续发展

【作者简介】刘宝珺,地质学家。天津人。1953年毕业于北京地质学院。1956年北京地质学院岩石学专业研究生毕业。国土资源部成都地质矿产研究所名誉所长、研究员。研究沉积地质学、矿床学、油气储层地质学等,在沉积动力学、岩相古地理学、层控矿床学、成岩成矿、全球变化、盆地分析等方面均有所建树。1996年在第30届国际地质大会上荣获国际地质"斯潘迪亚洛夫奖"。

1991年当选为中国科学院学部委员(现称院士)。

资源、环境的科学发展观

我作为地质学家从事地质工作已经50多年了,长期从事沉积学、地质矿产、石油、天然气研究。近年来我特别注意一些现代的环境问题,在这个基础上,我也关注中国矿业的发展问题。

从资源、环境的角度来看,科学发展观是非常重要的。我想举一些数据来给大家看一看、说一说。

一、我国的矿产问题

就在20世纪90年代,我国的知识界曾经一度热衷提倡知识经济。我当时也就跟着花了一些时间学习了相关的知识。那是1997年,在四川大学搞了一个报告会,那时的门票一张最高卖到300元,可见其热烈的程度。以后各个省都搞IT产业,非常热。但是现在在我们经过一段时间的实践后看来,恐怕对中国来讲,制造业还是非常重要的。当然IT产业非常重要,但是目前来说要非常重视制造业。因为知识经济从理论上来讲它也有问题。现在有人抛弃了曾经赖以生存的传统产业,称传统产业为夕阳产业、旧经济,甚至有人倡导绕开工业化,跨越式地进入信息时代。很多省市进行规划都把这个概念纳入进来。实际上这是个把知识同物质生产对立起来的观点。人类生产劳动是主观作用于客观世界的行为,原材料和工具是生存的基本物质条件,而知识是渗透性的因素。当我们已经有充足的物质要素的时候,知识要素就成为关键了。所以工业化作为社会发展的必然阶段是不可逾越的。我们国家目前还尚未完成工业化,当今中国的主导产业还应该是制造业。中国的制造业是中华人民共和国成立以来经济空前发展的主要贡献者,这一点对我国西部的经济而言尤其重要。制造业在我们中国是主导产业,增加值大约占国民生产总值的36%。由于制造业的发展,中国的产品遍及世界各地。所以我们中国现在被称做世界的工厂。中国要发展,目前必须依靠制造业。

制造业的一个很重要的支撑点是原材料。制造业的发展离不开资源。量子基金会缔造者之一、原料特别基金管理者吉姆罗杰斯曾说:"玩弄中国的最好方式是购买中国将要购买的东西。你们应当购买的东西将不是汽车或电视机,而是原料,因为中国十分需要原料。"大家看看,外国人知道如果想控制中国的话,先要从基础控制,当然中国作为制造业大国,没有原料就不会成为什么制造业大国。所以这里我就谈到我的本行,即关于矿产资源的问题。矿产资源是我们国家经济发展的基础。我们国家50%以上的一次性能源,80%以上的原材料都是取之于矿业,矿产支持了我们国家70%的国民经济的运转。矿产也是国防安全的重要的基础,现代化的武器所需要的材料及能量几乎全部来源于矿产资

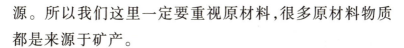

资源、环境的科学发展观

源。所以我们这里一定要重视原材料,很多原材料物质都是来源于矿产。

我这里有很多的数据,是关于我们国家的矿产情况的,比如我们金属、非金属的储量如何,对我们国家的制造业支撑的程度,能够支撑多久。目前就铜这一项,50%以上依靠进口。在前些年,全部产量的黄金都卖出去,还不够买进口铜,问题是非常严重的。至于钢铁,大家知道最近钢铁涨价了,原因就是国外的铁矿石涨价了。这对我们国家的影响是非常之大的。一直影响到什么程度呢?就是在建筑业中房子盖得差不多了,但不继续盖了。为什么?因为再盖下去,原材料投入就会很多。房地产老板宁可付给你违约金,他也不会再去盖了,原因就是原材料涨价很厉害。所以目前中国的矿业问题很严重,再过10年以后,能满足我们国内需要的矿产不到10种。其他100多种都需要从国外引进,所以问题很严重。大家可以看,前不久我们国家领导人出访的国家都跟资源有关,一个就是石油出口国,再就是矿产如铜、铁矿出口国。这表明我国已经把资源放在了一个非常重要的地位。

在钢铁消费方面,我国已经超过美国成为头号钢铁消费大国。10年之间中国在铅的消费方面占的比例实际上增长了两倍。在世界锌的消费方面也由8%上升到了18%。我们国家包括矿产品在内的原材料,在今后的

需求量只会增加不会减少。因为我们作为制造业大国，对原料的需求是逐渐增长的。

根据国家提出的到2020年GDP要比2000年翻两番的经济发展目标来看，我国一般需要的矿产资源要翻一番或者还要更多，这样才能保证我国经济发展目标的实现。以现在可以供给的量静态来计算，对2020年主要目标保障的程度，45种主要矿产中只有9种是可以得到保证的。10种基本可以保证，像铁、锰、铜等21种很重要的矿产是不能保证的，钾盐、金刚石等5种矿产会出现短缺。我们西部矿业占工业总产值的38.7%，增加值占31.9%，分别比全国要高8.1个百分点和5.3个百分点。

我国矿业存在很多问题。我这里谈谈开矿的问题。我们国家的矿产规模小，矿产资源开发利用率低，大矿小开、一矿多开，设备简陋，经营粗放，破坏资源，严重破坏环境。问题比较严重。有些矿山已经到了中晚期，开采浪费很严重，深加工技术落后，特别是存在一些管理制度问题。包给私人老板问题就更大，他们采富弃贫，掠夺性开采，开采回收率很低，许多伴生矿产没有得到评价和利用。另外，环境的污染问题很大。

关于矿产的问题，我想谈到这里大家已经很清楚了。我讲了三个方面：第一，制造业不能放弃，要重视；第二，我们自己的矿产不能支撑我们整个发展；第三，我们的开采还存在很多问题。下面来讲讲我国的能源问题。

资源、环境的科学发展观

二、我国的能源问题

1. 我国能源的总体情况

我国的能源结构大致为煤占71%,油气占22%。发达国家是煤占26%,油气占60%以上,在结构上我们有很大的不同。

我国能源综合利用率为32%,比国外低了10个百分点。每1万元产值的能耗比发达国家高出4.3倍,是日本的9倍多。我国的电力使用结构不合理,浪费很大,2003年居民+社会+农业用电量占27%,工业占73%。在工业中,制造业是我们的支柱产业,实际用电占12%,有色和黑色金属大于20%,用电最多的是化工和建材,占65%以上,这是一个非常不合理的比例。

再一个,我们能源的使用是低效率,我们的单位GDP能耗与德国、日本、英国、加拿大等相比,如果把日本视为1的话,那么意大利是1.33,法国、德国是1.5,加拿大是3.5,中国是11.5。也就是说,我国的单位GDP能耗是日本的11.5倍。我国的能源利用效率比发达国家低30%到40%。跟发达国家相比,我们的钢、乙烯、建材产品能耗高50%,每平方米建筑面积能耗高2.4倍。我们发电的效率只有35%,先进国家在50%以上。我国人均能源资源就更可怜了,只达到世界人均的一半。我们这样一个经济发展的大国,只有这么少的能源资源占有

量,而我们还这么低效地利用它。这是一个非常严重的问题。

目前全国人均占有装机电量只有0.25千瓦,不到世界人均的一半,仅为发达国家的1/6到1/10。据美国人估计,中国照这样发展下去,未来10年每年要投资140亿美元到电力领域才能跟得上现在的经济发展速度。我们本来就缺少能源,却还在发展高能耗的企业,国家到现在也没能控制,这与我们的国情是不合的。中国过去两年经济发展维持9%增长率的水平,可是我们能源需求的增长每年以15%的速度飙升。预计到2020年,我国将需要煤炭20.9亿吨,石油6.1亿吨,天然气1654亿立方米(参见图1)。

2. 我国石油的情况

我国石油的进口情况惊人,每年以30%的速度在增长。石油是非常重要的战略物资,目前在能源中居第一位,因为还没有任何东西能够替代它。而且石油对整个世界经济的影响非常之大,世界产生经济的衰退、经济危机的原因就是由于石油涨价。20世纪三次经济危机,一次是在1973年,还有一次在1979年,第三次在1997年,这三次我们都经历过了。石油的涨价导致世界经济的衰退,这都有一些资料,我就不在这里说了。当时的经济学家曾预测,石油不能再涨价了,若涨到40美元/桶

资源、环境的科学发展观

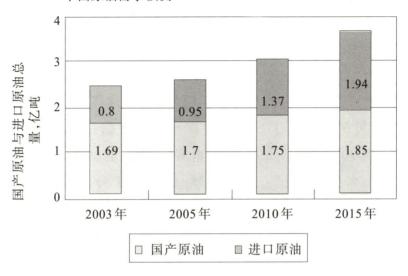

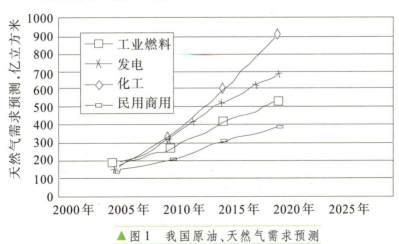

▲ 图1 我国原油、天然气需求预测

的话,第四次经济危机就要来了。但是前不久石油涨价到70美元/桶了,现在又降到每桶60美元多一点,而现在肯定不会再降了,当然现在的世界经济危机还没有来。什么原因呢?这里也有一点是因为整个经济的发展是货币式贬值。我们自己也能感觉到,虽然我们挣的钱多了,可是物价涨了。所以现在预测的数据是:如果石油涨到90美元/桶,那么肯定世界经济衰退就要来到了。前不久我一直担心这个问题,因为我十分关注这个数据,相信这个数据。幸好没有涨到90美元/桶,现在就要降到60美元/桶左右了,这当然是个好事情。但是不管怎样,石油的紧迫危机是存在的。

那么我们国家的石油的危机在什么地方呢?就在于照目前来说,我们不能自给自足。21世纪最初之年,第一年我们进口了8000万吨石油,第二年我们的进口量就达到了1亿吨,第三年是1.25亿吨,以30%的速度在增长。我们自己一年只能生产1.6亿吨石油,而且目前来看,增产的前景也有,但是不是很大,主要还得依靠进口。

进口能不能靠得住呢?大家知道,美国在极力限制中国,刚才我谈到它在原材料方面要限制中国,因为中国要是发展起来不得了。大家知道,原来美国有一个袜子城专门做袜子的,它是在供应全世界的袜子,后来中国也有了袜子城,是在福建还是浙江吧?这个袜子城不

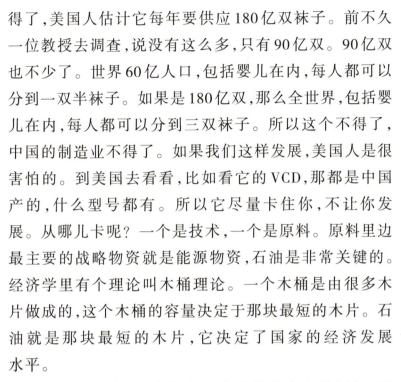

资源、环境的科学发展观

得了,美国人估计它每年要供应180亿双袜子。前不久一位教授去调查,说没有这么多,只有90亿双。90亿双也不少了。世界60亿人口,包括婴儿在内,每人都可以分到一双半袜子。如果是180亿双,那么全世界,包括婴儿在内,每人都可以分到三双袜子。所以这个不得了,中国的制造业不得了。如果我们这样发展,美国人是很害怕的。到美国去看看,比如看它的VCD,那都是中国产的,什么型号都有。所以它尽量卡住你,不让你发展。从哪儿卡呢?一个是技术,一个是原料。原料里边最主要的战略物资就是能源物资,石油是非常关键的。经济学里有个理论叫木桶理论。一个木桶是由很多木片做成的,这个木桶的容量决定于那块最短的木片。石油就是那块最短的木片,它决定了国家的经济发展水平。

  另一个危险是,我们有很多油是从中东的伊朗、沙特进口的。我们运油的船必须走马六甲海峡。马六甲海峡每天有600多艘船从那里经过,其中有400多艘是中国的运油船。大家看,我们有80%的进口油要从马六甲海峡经过,这是非常危险的。海盗也很厉害,前不久中央台有一个节目就在讨论马六甲海盗的问题。日本首先派自卫队到那边保护它的船,美国也想派军队去,派军舰去,但是它没有理由,因为美国运东西不走马六甲海峡,而是走大西洋。所以它就借口说新加坡邀请它来保护。新加坡倒是很愿意邀美国派军舰到马六甲海峡来帮助打击海盗，但是马来西亚和印度尼西亚不干，它们认为把美国引进来就赶不走了。美国一旦走不了，对中国也是个威胁。我们每天有400多艘运油的船从那里经过，按说我们中国应该派军舰去保护我们的商船。当然也有一个好消息，普京最近明确了：泰纳线首先修支线管道到中国的大庆。大庆现在的问题，很多井打出的是水，多于石油，到这个地步。可是那儿有这么大一个炼油厂，炼油能力又很高，支撑我们这么多年了，每年产量是5000多万吨，现在产量就在下降。所以把俄罗斯的原油送到大庆很重要。

现在还存在一些争论。发展工业要发展汽车，不发展汽车不行。但是城市又堵车，所以有人提出来排量在1.0以下的汽车都不能走，只能走1.0以上的。这也不对啊。能使用排量在1.0以上的都是有钱的人啊，没钱的人只能用小排量的，而我们国家发展的汽车主要也是小排量的。汽车多了，用油就显得很紧张了。前不久广州不是就加不上油了吗？国家赶快调8000万吨去，8000万吨一天就加完了。这个问题出在什么地方？其中有一个结构的问题，就是我们进口油不断地涨价，但是我们卖出去的成品油国家压着不准涨价，像中石化这样的公司就很吃亏，中石油还好一些，因为它掌握的国内的石油多一些。

资源、环境的科学发展观

那么我们的石油储备有多少?与我们的石油消耗量来比,那是太少了。而美国不一样,它储备40%。美国2006年在它中部地下建造一个人造储备油田,把6亿吨石油送到里边去。所以我们每个人都应该有紧迫感,我们每个人都应该关心国家的重大问题。

3. 我国煤炭的情况

在我国能源结构中煤炭占70%,最高占80%。预计到2020年下降到63%,对煤炭的依赖性仍然很高。按同等发热量计算,我们的煤炭储量相当于石油、天然气储量总和的17倍,可见煤炭资源在我们国家的重要性。当然也有人提出来,我们不应该用煤,因为用煤污染环境,引发矿难等问题,但是目前我国还离不开它。煤炭是中国最大的能源,每年的产量达到11.5亿吨,全世界1/4的煤是从中国的地底下挖出来的。煤炭可以带动中国很多的工业,比如交通运输业。现在火车、大量的汽车在运煤,因为发电厂在用煤,一个装机120万千瓦的火力发电站每天要烧1万吨煤。需要量非常之大,可以把整个运输业带动起来。

煤炭的消费结构中,电力用得最多,占54%,冶金业占13%,化工业占16%,建材业占12%,其他占5%。电力主要用在火力发电上,这情况目前还不会改变。所以中国也是世界上最大的煤炭消费国,全球每消耗10吨煤

炭,就有3吨是中国消费的。

在我国初级能源总需求中,煤炭占了63.2%(参见图2)。但是我们煤炭的回采率只有40%左右。乡镇企业、集体和个体小煤矿的平均回采率是可怜的20%左右。甚至有的小煤窑每天出1吨煤,就要浪费10吨资源。这非常可怕。而目前中国煤产量的一半是由小煤窑开采出来的。中国每年11.5亿吨煤的产量,实际要消耗43亿吨煤炭资源,几乎相当于全世界煤的产量。浪费太大啦!另外,瓦斯没有回收利用,瓦斯排放到空气中不仅污染大气,而且如果折算成标准煤的话,瓦斯的浪费高达800万吨煤。煤矿的浪费还有一个原因,我们有些煤矿已经烧了100年了,到现在还没有扑灭。一个北山煤矿每年自燃烧掉50万吨煤,100多年就烧掉6000万吨煤

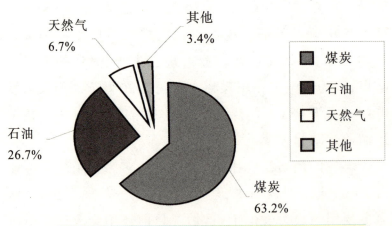

▲图2 我国初级能源总需求中各种能源所占的比例

资源、环境的科学发展观

炭资源,非常可惜!

矿难损失也很重,而且在国际上产生了非常不好的影响。外国人说:中国的人权就是搞得不好,你看煤矿不断地死人,不断地爆炸。自2004年10月以来,部分特大伤亡事故出在煤矿。简直是不得了,名单让人触目惊心啊!开矿造成这么大的影响,不整治已经不行了,影响太坏。

4. 我国天然气的情况

天然气是很好的能源,污染小,在中国很有发展前景,今后我们的工作重点恐怕就在天然气上。我们现在发现了一些大气田,像鄂尔多斯气田、四川的普方大气田。

说到天然气,这里谈一下中国和日本关于春晓气田的争议问题。春晓气田本来是在我国海域。日本因为是火山岛弧,它的大陆架很窄,而我们的大陆架比较平。日本主张把陆地之间的中线作为中日领海的划界线;就是这样春晓气田也是处在日本所谓的分界线靠近我们领海区这边五千米的地方。按照国际惯例,大陆架的自然延伸处属于该大陆架拥有国,则春晓气田完全是我们的,即使照日本人主张的所谓分界中线,春晓气田也是我们的,我们完全有道理开采。但是日本蛮横不讲理,说我们这边开采就把他们那边的也开采了。将来我

国在海上与日本的麻烦有很多。

5. 我国水电的情况

大家都认为水电是可再生的清洁能源。所以在五六十年以前,世界各国,像发达国家,它们的水电占能量供应的80%多,挪威的水电占能量供应的比率超过90%。发展水电对空气没有污染,而且水也在不断地流,不用也可惜了,否则白白地流过了。所以发达国家修了很多电站、水坝。中国现在有钱了,所以更多地修起了水坝、电站。中国的水电的主要潜力在西南,主要在四川和云南两个省,四川大概是1.68亿千瓦,云南是一点零几个亿,开发起来两个省占全国的75%以上。

但是最近发现一些问题。发展水电首先对生态环境有巨大的影响。我们地表生态运行有它的一些规律,比如河流有它自己本身的一些运行规律,湖泊也有它本身的规律,山脉也有。人跟自然的和谐就是要顺其规律利用它。河流就像人的血脉一样,它要不断地运行,携带一些东西,使得地面渐趋平衡,有个平衡基准面。那么现在我们把河流扎断了,不让它流了,扎断成几个就成为几个湖泊了,湖泊就没有什么流动了,或者说流动非常的缓慢。就等于这个血管给堵住了一样,这样河流就不存在了,演变成湖泊了。大坝修起来,泥沙不能运走,越填越高,多少年之后就把它给填满了。这样湖泊

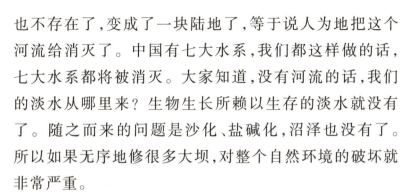

资源、环境的科学发展观

也不存在了,变成了一块陆地了,等于说人为地把这个河流给消灭了。中国有七大水系,我们都这样做的话,七大水系都将被消灭。大家知道,没有河流的话,我们的淡水从哪里来?生物生长所赖以生存的淡水就没有了。随之而来的问题是沙化、盐碱化,沼泽也没有了。所以如果无序地修很多大坝,对整个自然环境的破坏就非常严重。

现在发达国家已经停止建水电站了,而且有些个不合理的、不科学的水电站已经被炸掉了。可是中国有一些人非常热衷于来做这个事。以四川为例吧,四川大小河流1300多条,我们修了很多很多水电站,将来要达到外送电力1万千瓦的目标。大家看,我列了一些数据:像四川嘉陵江规划17级,岷江上游7级,大渡河干流17级,雅砻江干流是21级,像贵州乌江11级,其支流芙蓉江10级,云南金沙江、澜沧江、怒江规划分别是12、15、13级。更令人担忧的是,大家都到九寨沟旅游,会看到四川有些河流1千米长的地方有三个坝,其实一点水都没有,把河流完全弄干了。所以西南水电站一哄而上,产生了很多不良的影响。最后弄得一些河流里的水也干了,鱼虾等生物也没了,有些珍稀鱼类必须在冷水急流的情况下才能生存繁殖。另外的问题是引起塌方,诱发地震,还会引发水灾。像意大利奥斯特水坝1960年开始储水,到1963年9月就记录了地震60次,最后引起大的山崩,3.5

亿方岩石一下就崩到水里边了,掀起了110米的巨浪,下游村镇被夷平,2600人死亡。

大家看看水库对建筑物、地震震中造成的损害,我这里列了印度和中国的一些情况。

大家看,中国水库诱发地震的基本情况列了这么多,非常严重,现在热衷修水库的人不重视不宣传这些情况,然而关心环保的人、对环境很担心的人非常重视修水电站所造成的负面影响。我们要看到这些,不是说我们不修水电站了,而是说要科学地开发。无限度地、无序地来做是有害的。不要弄得将来我们的子孙没有河流了,土地也沙化了。这是很可怕的。

关于怒江,前一段时间争论得很厉害。怒江流域是中国唯一的一个没有人动过的原生态保护很好的地方。但是现在看来也保不住了,接下来甚至还在动雅鲁藏布江的脑筋,这就更麻烦了。水利部部长的报告也是这样说:目前我们亟须重点加固的重点大中型病险,1991以来全国就有235座水库垮坝事件。大家看看,报纸都没有宣传这个,宣传的都是发电多少、造福多少、对GDP的贡献多少,负面的都不宣传。所以我觉得舆论也存在一些问题,应该公正全面地来看一些问题。当然现在三峡已经不争论了,已经到这个地步了,现在能谈的就是采取什么措施来补救的问题。

现在还有一个重大问题是南水北调问题,特别是西

资源、环境的科学发展观

线的问题根本就没有得到好好的研究,它要经过七条重大的断裂,在活动的断裂。以400多千米长的这样一个航道来输水,170亿方水,好好研究过没有?

所以水的问题一定要顺其自然,要讲究生态效应,我来说一说法国。法国有一个原始的勒纳河,法国也想修水电站,它平行地挖了一条运河,在这条运河上来修电站,不动用主河道。我小时候上学,老师说上帝造人、荷兰造陆,不知道大家有没有听说过这个说法,我当时听了之后就很佩服荷兰人。荷兰人在退潮以后,赶快做坝,土地做出来了。荷兰没有土地,只有向大海要土地。但是现在他们把坝炸了。为什么呢?因为那个三角洲的生态被破坏了,很多种鱼大量地死亡。所以荷兰炸掉了大坝,恢复原来的面貌。人如何与大自然和谐相处?我们不能过度地、无限度地向大自然索取。要好好地研究大自然的规律,利用它本身的规律来为我们人类造福。杀鸡取蛋这种做法是不可取的。

鉴于发展水电的上述弊端,我们现在要提倡核电,现在国家把核电放在了很重要的地位。当然,现在我们的核电事业刚刚起步。我们的核电站用的是核裂变。除此之外,目前比较有希望的还有核聚变。等离子工业可以产生巨大的能量。我们可以从水里边、锂同位素里来取得能量。地球上有1021立方米的水,大概含有1017千克的氘,假如全部用于核聚变的话,可以供电使

用1010年。锂的储量大于2600亿吨,可用108~109年。大家看,这可以造福于人类后代,而且不产生核裂变的污染。我们中国参加了等离子工业实验室俱乐部。原来说要交80亿美元当做会员费,我自己也亲身参加了这个签名,给温家宝同志写信,现在温家宝同志已批了。我们拿了60亿参加了ITER(国际热核聚变实验堆)计划。在法国来建实验室,中国作为会员可以使用。我认为ITER计划是中国参加的非常成功的一个国际合作项目。

另外就是氦-3了。地球上氦-3不到10千克,但是发电不得了。中国如果把所有的电厂都停了,月球有8吨氦-3就够了,就可以供电给全国了。但是地球上很少,哪儿多?月球上。有人说上面有100万吨,有人说有150万吨。大家都要登月,目的恐怕就是为了氦-3。把氦-3转换成能源的核聚变技术目前仍处于开发阶段的初期,这项技术发展成熟还需要多年时间。但是还有其他的能源,诸如风能、太阳能、潮汐能,等等,这些都要研究。

三、结束语:坚持科学发展观,保证资源、环境的可持续发展

我讲了这么多,想说明什么?我们中国这么个大国

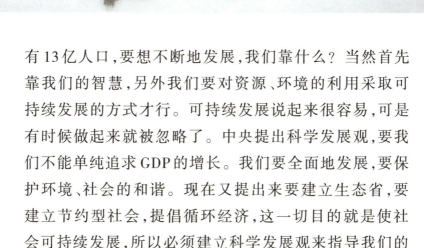

资源、环境的科学发展观

有13亿人口,要想不断地发展,我们靠什么?当然首先靠我们的智慧,另外我们要对资源、环境的利用采取可持续发展的方式才行。可持续发展说起来很容易,可是有时候做起来就被忽略了。中央提出科学发展观,要我们不能单纯追求GDP的增长。我们要全面地发展,要保护环境、社会的和谐。现在又提出来要建立生态省,要建立节约型社会,提倡循环经济,这一切目的就是使社会可持续发展,所以必须建立科学发展观来指导我们的行为。人类在最近50年所利用的资源超过了20世纪以前整个人类所用的资源的总和。我们的子孙以后喝什么水,呼吸什么空气,还有什么可用的、可吃的?我们现在吃的粮食和蔬菜安全不安全?所以现在中央及时地提出这样一个问题,我本人深有体会。

可持续发展是我们的基本战略决策。我们要建立节约型社会,也就是要以最小的资源消费、最小的环境代价获得最大的有效产出,而且还要推动社会的可持续发展。光讲有效产出还不行,你搞鸦片毒品那产出也很高,但是不能推动社会的发展,所以最后一句很重要。马上中秋节要来了,月饼的过度包装问题,国家出面干涉了。我们一次性的筷子也有人注意了。我国每年消耗一次性木筷450亿双,要用掉好木材166万立方米,要砍伐2500万棵大树,减少森林面积200万平方米。我们看看,这些数字就发生在我们身边,非常的可怕,我们应该好好地宣传这个问题。

18世纪西方的工业革命极大地推动了技术发展和生产力提高,创造出巨大财富,但是给人类带来深重的灾难。20世纪的不到100年间消耗了相当人类有史以来全部消耗的资源,给生态环境造成严重后果。

1962年美国女作家卡逊的《寂静的春天》第一次向世人敲响了生态破坏带来严重后果的警钟。1972年几十位科学家编写了《增长的极限》,指出人口增长、粮食、工业发展、资源消耗、环境污染、人口、资源、工业技术等问题开始作为一个整体话题为人类所认识和研究。

1983年联合国委托挪威首相布伦特兰夫人领导的世界环境与发展委员会(WCED)制定"全球革新议程,1987年交出报告《我们共同的未来》"。报告称"可持续发展是既满足当代人的需要,又不对后代人满足其需要的能力构成危害的发展","从广义上来说,可持续发展战略旨在促进人类之间以及人类与自然之间的和谐"。

1992年联合国在巴西召开环境与发展大会,通过了《里约环境与发展宣言》《21世纪议程》,确定了三个公平性原则:当代人之间的公平,代际的公平,人类与自然界的公平(环境的伦理观)。

由以上所述可以看出,我们必须走可持续发展的道路。但是我们为什么在过去的实践中出了这么大而严重的问题呢?长期以来,人们过度追求物质享受,相信

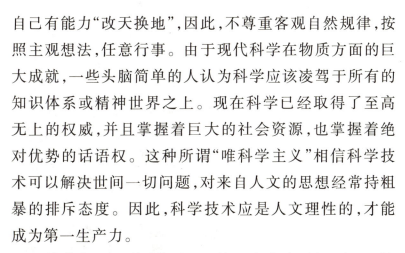

资源、环境的科学发展观

自己有能力"改天换地",因此,不尊重客观自然规律,按照主观想法,任意行事。由于现代科学在物质方面的巨大成就,一些头脑简单的人认为科学应该凌驾于所有的知识体系或精神世界之上。现在科学已经取得了至高无上的权威,并且掌握着巨大的社会资源,也掌握着绝对优势的话语权。这种所谓"唯科学主义"相信科学技术可以解决世间一切问题,对来自人文的思想经常持粗暴的排斥态度。因此,科学技术应是人文理性的,才能成为第一生产力。

科学发展观明确提出"坚持以人为本,树立全面、协调、可持续的发展观,促进经济社会和人的全面发展",强调"按照统筹城乡发展、统筹区域发展、统筹经济社会发展、统筹人与自然和谐发展、统筹国内发展和对外开放的要求",推进改革和发展。经济发展要与人口、资源、环境相协调。

要建立和谐的社会、节约型社会、可持续发展的社会、环境友好型的社会、循环经济的社会。这方面我们要好好学习,特别是自然科学家和工程技术人员要学习人文、历史和社会科学,要以科学发展观为指导,才能保证我们的实践行为是有益的,才能给我们的子孙后代创造一个幸福的环境。

田町工場

人与自然和谐发展
——来自环境演化研究的启示

刘东生

一、环境问题是21世纪全球经济和社会可持续发展的主要瓶颈

二、研究过去和现在是为了未来

三、地球系统的复杂性——我们知道的比我们需要知道的少得多

四、人类世——人与自然关系研究的新视角

【作者简介】刘东生,第四纪地质学、古脊椎动物学、环境地质学家,中国科学院地质与地球物理研究所研究员。原籍天津,生于辽宁沈阳。1942年毕业于西南联合大学。1987年获澳大利亚国立大学名誉科学博士学位,1995年获香港岭南大学荣誉法学博士学位。1980年当选为中国科学院学部委员(院士),1991年当选为第三世界科学院院士,1996年当选为欧亚科学院院士。早年师承杨钟健先生从事古脊椎动物学研究。1954年开始从事黄土研究,从事黄土——古土壤序列250万年磁化率曲线与深海沉积氧同位素曲线的比较研究,提供古气候多旋回变化决定性的在陆相记录中的依据,为第四纪古气候变化突破经典的四次冰期理论、建立古气候多旋回学说发挥了关键性的作用;肯定大陆沉积与海洋和冰盖环境变化记录的可比性,对全球变化研究作出了重要贡献。1964年起参加和领导了希夏邦马峰、珠穆朗玛峰、托木尔峰、南迦巴瓦峰等高山科学考察。1969年起开创了我国环境地质及地球化学研究,成为我国环境科学的奠基人之一。

人与自然和谐发展

　　本文就地学工作者从环境变化的角度,谈一点儿个人学习的体会。

　　人与自然的协调发展是我们党的十六大提出来的社会发展观的很重要的组成部分。人与自然的协调发展观的提出,对于地球科学工作者来说,更应深入研究,这是一个很好的机遇,但同时也是一个巨大的挑战。路甬祥院长曾经多次讲过人与自然和谐发展的问题。本来已无须我多讲了,这里我是从一个地学工作者的角度,从环境变化研究工作的角度,给这个命题做一点小小的注解,不对的地方请大家指正。我想讨论的话题大致有以下四个方面:第一,环境问题是21世纪全球经济和社会可持续发展的主要瓶颈;第二,研究过去和现在是为了未来;第三,地球系统的复杂性;第四,谈一下最近很多人提出来的有关"人类世"的问题。

一、环境问题是21世纪全球经济和社会可持续发展的主要瓶颈

　　环境问题是21世纪全球发展的主要瓶颈,也可以说是人与自然和谐发展的一个主要障碍。1896年,第一个诺贝尔奖获得者斯凡特·阿累利乌斯提出,如果大气中二氧化碳含量加倍的话,那么地球上大气的温度将会增加5~6℃。目前,尽管大气的温度因为温室效应还在继

▲图1 当人们沉浸于征服自然的乐趣之中时,盲目改造自然的恶果悄然袭来……

续增加,可是人们还是在不断增加经过几千万年,甚至上亿年才聚集起来的煤和石油等化石燃料的消耗,不断增加二氧化碳等温室气体的含量。很多资料都表明:自工业革命以来,地球上大气中二氧化碳的含量在不断升高。这主要是由于人类消耗大量化石燃料的结果,是一种人与自然不协调发展的具体体现。这种发展趋势的结果,一方面势必造成自然资源的枯竭。比如煤资源,比较悲观的估计是,100多年后就开采完了。也有比较乐观的估计,认为可能到300年,甚至到500年基本上就

人与自然和谐发展

开采完了,但即使500年也是很快就会到的。政府认识到能源问题的重要性和节约能源的迫切性,确实是十分值得重视的问题。而且,二氧化碳的问题又是一个涉及整个国际斗争的问题。京都协议书签订后,开始限制各国二氧化碳的排放量。

除二氧化碳问题外,对于环境中水资源不足或者说干旱化的趋势,土地的沙漠化,海平面上升,生物界的生态失调,当然还有其他很多问题,都是影响社会经济发展的重大问题。那么这些环境问题是如何产生的呢?这当中有自然的原因,也有人为的原因。对于人为的原因来说,由于人类改变自然的活动,自工业革命以后强度越来越大,自然环境的破坏包括对人类自己的危害也日益严重。但直到20世纪60年代,人类才对一系列的环境问题有了一定程度的觉醒。人们注意到诸如DDT这种农药的使用,虽然消灭了疟疾等疾病,但是也不知不觉地产生了一些副作用。DDT一类农药的使用使鸟类孵不出小鸟来,所以美国的蕾切尔·卡逊(Rachel Carson)写了一本书,书的名字就叫《寂静的春天》。这本书可以说是一本划时代的著作,因为在西方世界也罢,在全球也罢,都引起人们开始注意环境问题,也就是人类对自然资源的开发,在改变自然过程时所引起的环境后果问题。在我们国家,从20世纪60年代起,周总理就十分重视环境问题,环境保护也取得了巨大的成绩。但是

环境与资源科学技术集

随着经济和社会建设的发展,对环境保护应该有新的认识和更高的要求,所以在2004年党的十六大上提出了新的科学发展观,其中,人与自然和谐发展是解决环境问题的关键,所谓可持续发展就是要促进人与自然的和谐,实现经济发展和人口资源环境互相协调。

二、研究过去和现在是为了未来

应该说,我们注重研究过去和现在是为了未来。

现实的环境问题表明,我们现在还没有能够达到人与自然和谐发展的地步,所以要实现人与自然和谐发展,需要人类社会的共同努力,那么地球科学能够做些什么?研究现在和未来的环境问题都需要从过去的历史中寻找经验。地球科学研究,近年来在海洋、极地和大陆等方面的新的发现,为探索这一问题提供了重要的科学依据,使我们了解到地球是一个非常复杂的系统。科学技术的飞速发展,使科学家可以在深海几千米的水下用打钻的方法,取得深海沉积物岩芯,而经过深入研究,发现这些沉积物记录了地球气候环境变化的重要信息。30年来,深海钻探计划和大洋钻探计划已经在世界各海洋中共打了2000多钻井,取得了大概有20多万米的岩芯(这只是1968—1993年的记录,近年来还有更多的钻孔记录)。1999年,在首席科学家汪品先院士和美

人与自然和谐发展

国瑞德曼教授(图2A)的领导下,在我们中国附近的海域,即我国的东沙群岛和南沙群岛地区以及外海,第一次进行了深海科学钻探——ODP第184航次(图2),对这些岩芯(图2B)进行分析研究,取得了非常出色的成绩。

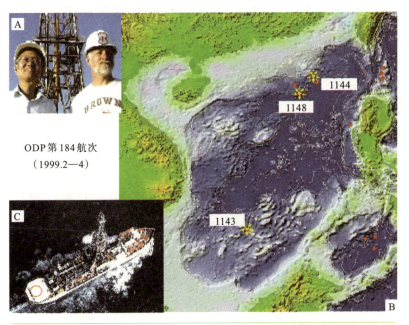

▲图2 中国科学家作为首席科学家之一,完成的ODP第184航次钻探作业
　　　　A.首席科学家汪品先(中国)和瑞德曼(美国)
　　　　　　B.钻孔位置　C.钻探船

57

深海沉积的工作里面其中最重要的一项研究成果，就是氧同位素的研究(图3)。在20世纪50年代的时候，美国的埃米里阿尼(C. Emiliani)教授开始做深海沉积物中有孔虫的氧同位素的研究，他的老师可能是大家都熟悉的诺贝尔化学奖的获得者——尤里(Harold C. Urey)教授。尤里教授说过，这个问题是他见过的最难解决的一个化学问题。幸运的是，埃米里阿尼解决了这个问题，使深海沉积的研究可以利用氧同位素的手段，定量地了解过去沉积时期的环境气候状况。日本作为这个国际研究计划的参加国，据我所知，他们从20世纪80年代就开始设计制造钻探科学考察船，日本动用了6亿美元，经过了20多年的时间才建造了一艘大船，名为"地球"号，排水量达57500多吨，这当然是一条最新也是最大的船(图2C)。如果同我们自己现在拥有的考察船作一比较，我去南沙群岛考察的时候，坐的是我们的"科考一号"，排水量4 000多吨。所以这样看来，我们还需要在海洋研究方面发展得更快一些。这个"地球"号海洋考察船的目的是要打穿大洋中的地壳部分，现在世界上还没有钻孔能穿过地壳。这一举措刺激了美国并奋起直追。最近在5月份的美国 Science 杂志上，有一个社论提到，海洋是我们地球上一个最大的空白点。所以在美国的州长会议上，他们的海洋委员会提出来要把经费追加到13亿美元。当然，这个数字很大。我国科技部徐冠

人与自然和谐发展

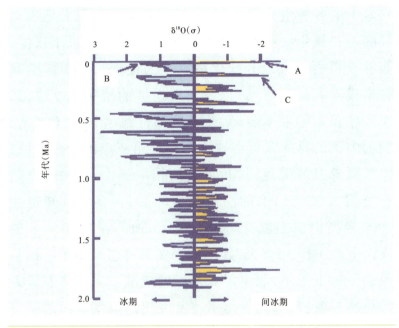

▲图3 深海氧同位素记录了冰期和间冰期的变迁
A. 现代间冰期 B. 末次冰期 C. 末次间冰期

华部长,曾大力支持我国海洋研究工作,我国参加了国际大洋钻探计划(IODP),成为一个成员国,这大大地促进了我们国家的海洋研究工作。我们现在正计划借助于我们国家的海洋研究工作使我国发展成为海洋强国。

除了深海沉积以外,气候研究的另一个重大的突破来自极地冰芯研究。为了了解地球上的气候变化的历史,各国对多年积累的冰层进行钻探,以取得冰芯。冰芯里面夹杂的气泡是被保存下来的过去地质历史时期的大气,时间长度可达10万年以致几十万年。测量这些气泡中的各种组分的含量,实际上就为我们研究地表大气圈中二氧化碳和其他气体的含量的变化提供了依据,能够获得古大气成分变化最直接的证据。各国科学家在南极著名的东方站,以及北极地区的格陵兰等地,都在大冰盖上钻取冰芯,钻井一般都打到冰下3000多米,我们中国的科学家也在被称为世界第三极的青藏高原,像希夏邦马峰等地,进行冰芯的钻取工作,这一研究是在海拔7000米以上的高山上展开的,很多人都知道在3000米高山以上就有高山反应了,他们在7000多米的高山上要工作50多天,其困难程度就可想而知了。但是他们坚持下来了,取得了非常好的成绩。主持冰芯研究的姚檀栋教授,为此做出了非常突出的成绩。冰芯研究优势在于它所保存的记录可以达到一年一年的水平,即所谓"年层",有的甚至可以分辨出一年之内夏季与冬季积累的冰。已有的冰芯记录从几百年上万年,甚至于几十万年。根据国际政府间气象组织南极东方站的冰芯研究,测量出地球历史上二氧化碳和甲烷的含量变化曲线,取得了突出的成绩,被IPCC认定是认识近代地球大气组分变化的历史的一种非常重要的有效途径。从南极的冰芯里面得到42万年以来的结果表明,大气中二氧化碳和甲烷的量都呈现出一定的周期变化,而我们现在的大气中二氧化碳和甲烷的量都已经超过了42万年以来最高的峰值。这一记录是世界上第一次证明人类活动造成的对大气组分的影响超过了过去自然变化的影响。据2003年的报道称,最近打到最深的一个钻孔,也许还有可能把记录的时间延伸得更长,但估计二氧化碳的浓度也不可能达到比现在更高的水平。另外,这42万年以来的冰芯记录与现代的仪器记录是可以互相衔接的。横跨南极大陆的英雄秦大河院士,他不仅是我们探险南极的英雄,而且是我们中国参加IPCC的代表。图4就是引自他给IPCC的报告。

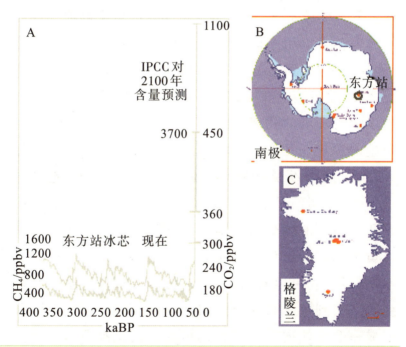

▲图4 CO_2和CH_4含量变化的过去、现在和将来
A.东方站冰芯中气泡记录的过去42万年来CO_2和CH_4含量变化曲线
B.南极冰钻位置 C.格陵兰冰钻位置

除了海洋和极地冰芯以外,在陆地表层还存在着一种既能反映全球变化,又能反映有亚洲大陆区域性特征的陆相沉积的原始物质——黄土。地球上有两个最大的粉尘(也就是黄土)的传输系统,一个是在亚洲欧亚大陆的中心,在新疆和中亚一带;再一个就是在非洲,在撒哈拉大沙漠以南的地区。非洲产生的粉尘吹向了西边,可以一直到美洲,比如北美的美国及南美的巴西、阿根廷等地。在亚洲,粉尘的传输在我国北方的半干旱区,堆积下来变成黄土,形成了举世闻名的黄土高原。亚洲的粉尘还可以由中国的大陆一直向东吹到美国的夏威夷,甚至更西,到达美国的西部,也有的可以吹过西伯利亚,绕过北极到达欧洲地区。如果说,深海、冰芯这两个是极端的环境的代表,那里都是人无法居住的环境,而粉尘的源区与堆积区,如黄土高原则是有人居住的地区,黄土区可以说是地球上最适合人类生活的地区之一,人类文明的发展离不开黄土地。我们的黄土高原,有几千年来的灿烂的文明,人口密集,农业文明的发展与黄土也有着密切的关系。如果我们注意一下中国的地形格局,就可以看出,我们中国从青藏高原这个高的台阶下来到黄土高原,然后再下一个台阶到华北平原,形成一个自西向东台阶式的地形。黄土高原这一台阶上的黄土的有关研究告诉我们,它提供了长时段的地质环境演化记录。

人与自然和谐发展

首先,我们来看一看六盘山以东,有代表性的陕西渭南的一个黄土剖面,图5A是一个从260万年前到现代的黄土地层,图中黄的是黄土,而红的是古土壤层。研究表明,黄土是干冷气候的产物,而古土壤则是由湿润的气候形成的。剖面上黄土与古土壤交互叠覆,表明了气候的冷暖与干湿的变化。如果拿这里的黄土高原的

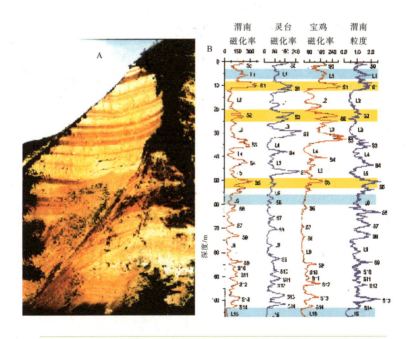

▲图5　中国黄土——古土壤序列记录的古环境变化
　　A.宝鸡剖面的黄土和古土壤
　　B.磁化率、颗粒粒度等替代性指标在剖面上的变化

63

气候冷暖、干湿的变化结果与深海沉积和冰芯比较的话,它们所记录的气候规律是一致的。堆积黄土时期冷的环境相当于深海沉积里面有孔虫的氧同位素记录所反映出的一个冷期的堆积,即一个冷暖周期中冷的半周期,也就是冰期;而发育在暖的环境中的古土壤层就相当于深海沉积里面有孔虫的氧同位素记录所反映出的一个暖期的堆积,即一个冷暖周期中暖的半周期,也就是间冰期。当然,黄土记录优于深海沉积记录之处,还在于黄土—古土壤还记录了气候的干湿变化。前面说道,我国黄土形成于干旱时期,古土壤发育在湿润时期。

新近的研究发现,在六盘山以西这种与黄土—古土壤类似的记录可以延续到2200万年前,图6是甘肃秦安县的剖面,是600万—2200万年时段的沉积记录,那里过去一直被称为第三纪"红黏土"的沉积记录中,也可以明显分辨出黄色的"黄土"层和红色的含黏土量较多的"古土壤"层,深入研究表明,这些黄土—古土壤,其原始物质来源也是与六盘山以东的黄土一样,是由风力搬运来的粉尘,所以这里的黄土—古土壤,实际上是比过去260万年气候变化更老的气候冷暖——干湿变化记录。

如果把黄土沉积的历史时间的尺度再放短一点儿,国家气象局张小曳教授的一项研究表明,大概在二十几万年的黄土—古土壤中,在每一个黄土层里面还可以细分出19个快速气候波动,和冰芯记录里面所得到的这些

人与自然和谐发展

▲ 图6　甘肃秦安县剖面600万—2200万年期间的风尘堆积

短尺度的气候波动事件是相应的。而在北太平洋,与每一次波动相应的有海水表面温度的降低。张小曳教授所作的工作证明:深海沉积、冰芯和黄土虽然各具特色,但是也有它的一致性,这可以从时间上、从气候的变化上进行深入对比,当然同时也有它们之间的差异。

深海、冰芯、黄土所形成的记录都是地球上不同圈层相互作用的结果。大家可以看到,在深海沉积物中的氧同位素和冰芯中的二氧化碳含量以及黄土的磁化率的变化,从40多万年到现在,它们之间既有相同之处,也

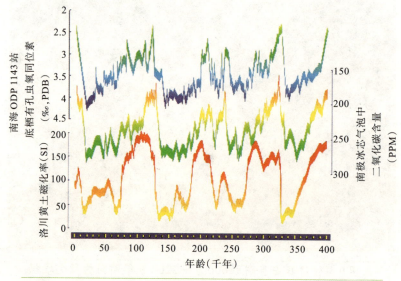

▲ 图7 深海沉积、冰芯和黄土记录各具特色,却又具有可比性

有不同的地方(图7)。黄土与人类活动的关系更为直接,也更为密切,黄土是伴随着人类发展的脚步而逐渐形成的地质体。

20世纪60年代在陕西蓝田陈家窝子和公王岭都找到了人类演化的记录,在公王岭找到了110多万年前的猿人化石,在离这个地点不远的陈家窝子找到了50万—60多万年前的猿人化石。说明从100多万年(也许可能更早)以来,在黄土高原的形成过程中,人类一直是与黄

人与自然和谐发展

土一起发展和演化的。这也说明,中华民族是真正的黄土的儿子。人类在与自然的共同发展中,人类的演化充分利用了黄土土质肥沃、生物茂盛的有利条件,但在人类活动的历史过程中,我们可以说自从猿人以后,千万年来,也加剧了黄土高原的水土流失,使黄河的泥沙(主要还是来源于黄土高原地区)不断增加,每年的输沙量可以达到16亿吨,水利上有丰水丰沙之说,水多沙也多,在有的水量较大的年份,输沙量还要更多一些。虽然,现在随着泥沙治理步伐的加快,情况有所改变。这就是说,人类社会随着自然界的演化而不断地进步,人类的活动有时候也会破坏了人与自然之间的和谐关系。我们看到,现在北方地区沙化现象相当严重。研究表明,大约在2万年到1万年时期,地球气候变得寒冷。这是一个在地质上叫盛冰期的时期。这一时期,我国北方沙漠扩张得比现在的范围要大得多。但是,到了8000年前的时期,由于气候逐渐变得温暖,草原覆盖了很大面积,沙质土壤表面形成了一个薄壳,固定了下面的盛冰期时期形成的沙丘。那一段时间,黄土高原处于一个相对稳定的自然环境中,风沙侵蚀较弱。可是到了3000年以前,由于人类活动的加剧,这些已固定的沙丘表面的土壤曾人为遭到破坏,土地再次被沙化(图8),出现了像今天所看到的沙化扩大的情况。已经固定了沙丘的那些土壤被人类活动破坏了以后,必然出现大面积的沙化地

▲图8　草原环境下形成的土壤保护层被破坏后,土地再次沙化

区,这就说明了人与自然和谐相处是多么的重要呀。

　　图8中间颜色发黑的土壤层是约8000年前在气候条件较好时即在草原环境下形成的,人类活动破坏了这一保护层后,原先被覆盖住的沙地裸露,再次沙化就不可避免地发生了。黄土高原的自然植被,现在已经很难找到了。那么,黄土高原上的植被应该是什么样子的呢?张新时院士曾讲,黄土高原的自然植被是一个倒过来的自然植被,就是说草和作物都是在高处,即在黄土塬的塬面上,而森林、树木是在地形低洼的沟谷里面,恰好跟我们在有些由岩石和土所构成的丘陵地区看到的

上面是森林、下面是草原的情况相反。所以对于黄土高原来说,我们看到黄土高原的水热条件、地形、岩性和自然植被的分带性的种种形态,引发了我们对于人与自然和谐发展的思考。土壤学家朱显谟院士最近已经第六次在讨论中提到他的黄土高原国土整治的"二十八字方略"。我在这里将他的方略抄录如下:"全部降水就地入渗拦蓄,米粮下川上塬,林果下沟上岔,草灌上坡下洼。"这是一位中国黄土研究工作者对人与自然和谐发展的宣言。现在,由于人类的开发利用,出现了陡坡变为梯田的伟大进步,有的地方甚至出现在一个山坡上有一百多层水平梯田的现象。农民修建多层梯田,花了很大的心血和力量,但是事实上并不能得到很多长期的固定收入的回报,一场千年一遇的大暴雨,就会将农民几十年积累修建的水平梯田转眼间冲垮掉。这就是为什么黄土研究和治理工作者更重视人与自然和谐发展的科学发展观。

三、地球系统的复杂性——我们知道的比我们需要知道的少得多

地球系统是一个十分复杂的系统。於崇文院士一部大作,书名叫《地质系统的复杂性》,有两大本。这是一部真正地从理论和实践中研究地球系统及其复杂性

问题的专著。看了以后,我发现这是一部非常重要和出色的专著,对于我个人来说,正如标题所说"我们知道的比我们需要知道的少得多"。过去,我们做黄土的研究工作,试图全方位、多角度、多元化地了解过去地球系统的演化历史。然而,地球系统非常复杂,我们对它的认识还远远不够。这里,我想举两个例子,分别从时间上和从空间上来说明在环境问题上我们所面临的一些复杂的问题。

人们已经从冰芯里面了解到过去42万年以来二氧化碳、甲烷的含量随时间的变化情况。我们可以看到,在1万年甚至10万年尺度上,二氧化碳的含量升高和温度升高的基本趋势可以说是一致的,这是长时间尺度上的变化规律。在短时间尺度上,如千年尺度上,比如有的研究者在800年到2000年的时段,从不同观测站测得的二氧化碳的含量结果、全球的温度和二氧化碳浓度的变化,不一定是完全同步的。在长时间尺度上的变化现象和有可能观测到的问题,在短时间尺度上的变化曲线中(见图9)并不相同,两者之间各种现象不可能完全一致。这种情况,正好说明全球变化问题在实际变化上的复杂性。同时也向我们提出一个问题,就是今后随着大气中二氧化碳浓度的进一步增加,温度是不是会继续增加下去呢?我们用不同的预测模型预测的结果都认为,到2100年大气二氧化碳的浓度是稳步上升的。那么,根

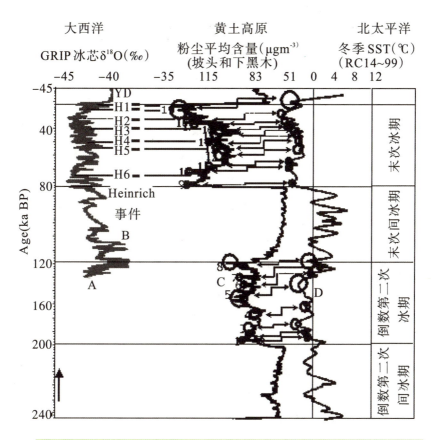

▲ 图9 千年尺度的黄土记录显示了全球变化的相关性和复杂性
A. GRIP冰芯的氧同位素记录 B. 北大西洋的Heinrich事件
C. 黄土高原洛川坡头和下黑木剖面粉尘平均含量变化曲线
D. 北太平洋RC14—99孔记录的冬季海水表面温度变化 圆圈表示在黄土高原出现的高浮尘,在北太平洋出现的冬季低海水表面温度对应的19个阶段

据温室增温的道理,我们所预测的温度基本上也是上升的,只是有的预测结果上升的幅度大一点儿,有的预测结果上升的幅度小一点儿。不过,也有人给2100年时的温度预测结果打了一个大大的问号,对此表示怀疑。所以,现在有很多人关心这样一个问题:未来若干时间内,地球是继续变暖,还是变冷,进入一个新的冰期?从12万年前在地球上出现现代的人类以来,人类曾经经历了冰期和间冰期这样一个大的气候变化过程以及与之相应的大自然巨大的环境变化过程,既然像冰期这样巨大的剧变,早期的现代人类都经历过来了,在人类的科学和技术日益高度发展的情况下,人类经历未来的气候变化,并保持社会的持续发展肯定是没问题的。现在,我们处在地质上称为间冰期的时期,那么不久的将来,我们会继续处于气候变暖的间冰期,还是要进入渐渐变冷的新的冰期,现在还无法肯定。作为一种地质营力的人类活动对此具有重大的影响,因此,我们科学家负有重大的责任。负有什么责任呢?就是说,我们要正确预测今后的气候变化。有人把今后可能处于不断增温的这一段时期称做"超级间冰期",有人则愿意将今后称为"Terra Incognia",把这个词简单直译,可译成"未知的土地"。对于地球科学工作者来说,从古代经中世纪一直到近代,就是为探寻一些"未知的土地"或者说未知的领域而付出了代价,而正是由于具有这种探寻未知领域的

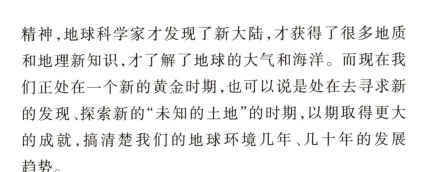

精神,地球科学家才发现了新大陆,才获得了很多地质和地理新知识,才了解了地球的大气和海洋。而现在我们正处在一个新的黄金时期,也可以说是处在去寻求新的发现、探索新的"未知的土地"的时期,以期取得更大的成就,搞清楚我们的地球环境几年、几十年的发展趋势。

图10中给出了磁化率变化的曲线,有机质的碳同位素变化是与磁化率变化同步的。在末次冰期最盛期(LGM,约距今18ka时,图中L1–1位置,当时二氧化碳的含量最低,参见图4),有机质碳同位素值偏负,表明C4植物并没有因二氧化碳含量的降低而增加。由黄土和古土壤中有机质$\delta^{13}C$值计算得到C3和C4植物相对生物量结果表明:从LGM到全新世C4生物量均有增加,向东南方向增加更多。这表明温度是C4植物生长的控制因素,没有合适的温度条件,干旱和CO_2含量降低均不足以驱动C4植物在空间上的扩张,这也存在着自然环境变化的复杂性。生长在陆地上的植物,它们的光合作用可以分为两种途径:一种是C3植物采用的C3光合作用途径,还有一种是C4植物采用的C3光合作用途径。C3植物与C4植物的碳同位素比值是不一样的,C3植物的碳同位素的比值平均大致在–27‰,C4植物平均大致在–13‰。地质学家就利用这一点,在地层里面寻找植物的残留,并通过对碳同位素的分析来了解当时的植被

73

究竟是C3还是C4植物占优势。C4植物出现大概是在十几个百万年以前。从全球气候环境变化的角度,认为在地质时期大气二氧化碳含量的降低,导致了C4植物出现。当然,对此地质学家还有不同看法。既然C4植物出现是大气二氧化碳含量降低的结果,那么,在冰期二氧化碳含量下降与间冰期二氧化碳含量增加的情况下,C4植物是否有相应的扩张和收缩呢？黄土中有机质的碳同位素研究表明,从3万年以来的变化十分复杂:首先,约2万年前后的末次冰期最盛期,二氧化碳含量最低时,有机质的碳同位素小于-20‰,比二氧化碳含量高时更偏负,表明C4植物并没有随二氧化碳含量降低而扩张,相反在全新世时,二氧化碳含量增高,有机质的碳同位素反而偏正(参见图10)。这样一个结果表明:在黄土高原二氧化碳含量与植物碳同位素的关系要复杂得多。在全球很多地方,碳同位素的证据表明,大约在距今700万年前后,有明显的C4植物的扩张现象,但黄土高原次生碳酸盐的碳同位素的研究结果表明,那里C4植物的扩张明显要晚得多。有的认为在距今300万年前后;有的则认为更晚,在260万年前后。这一结果和全球其他地方C4植物扩张的时间也不一样。我们从孢粉分析结果和不同植物硅酸体的含量变化恢复黄土高原的植被情况来看,认为黄土高原上是以草原和短期的森林草原为主的。以上实例表明,黄土高原C4植物对二氧

人与自然和谐发展

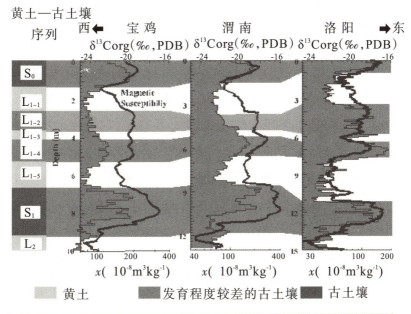

▲ 图10 黄土和古土壤中有机质碳同位素所反映的C3和C4植物的变化

化碳含量的影响应有区域性的特点。黄土高原的例子说明地球表层环境系统的研究不仅应该注意全球性的变化，更应该注意区域性特点的研究。

四、人类世——人与自然关系研究的新视角

当前，国际上在全球变化的研究中提出一个新的地质时代，就是"人类世"。对于地球环境这样一个非常复杂的系统，各个圈层之间相互作用，在时间和空间上都

是无比精美的。关于人和自然关系研究的问题,很久以来已经有很多地质学家从事这一问题的探讨。近来,普遍的共识是认为人类的活动已经成为一种重要的地质营力,人类活动在地球系统的运转中发挥着越来越重要的作用。所以人们不得不从这样一个新的角度,来对待人与自然相互作用这个问题。关于"人类世",它是一个最新的地质时代的名词。在地球表面上没有比全体生物界(当然也包括人)的化学作用更为强大的作用,这是俄罗斯化学家维尔纳德斯基(V. I. Vernadsky)在1926年曾经说过的一句话。他首先把生物学的作用引入到了地质学,对人类活动引起的对地质过程产生的影响,提出了"人类代(Anthropozoic)"这一名词。到了20世纪40年代,在我国工作过26年的法国地质古生物学家德日进(P. Teilhard De Chardin),也提出过一个新的概念,叫做"会思考的地球观",他认为人的出现和人的智慧形成了一个新的地球圈层,他把这个地球圈层叫做"智慧圈(Noosphere)"。当然这是有些哲学意义的探讨了,可是在他的思想的影响下,在2000年,因为研究臭氧层而获得诺贝尔化学奖的克鲁琛(Paul Crutzen)和施托默(E. F. Stoermer),提出"人类世(Anthropocene)"这一术语,这是人类地质学的一个概念。2005年,我得到的克鲁琛的一份材料上说,"人类世"是从18世纪晚期开始的。他提出"人类世",依据是从南极的冰层里面捕获的气泡中二氧

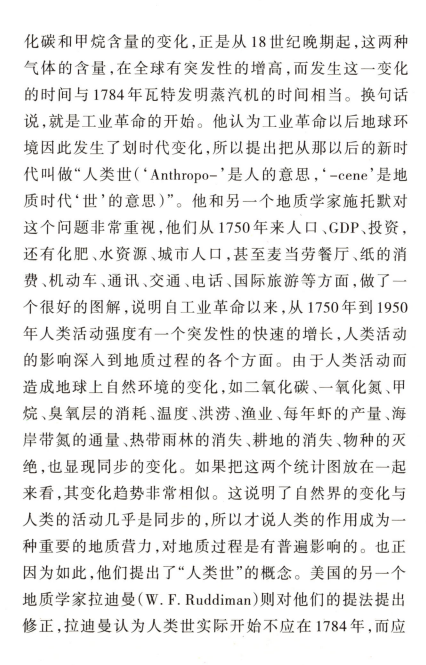

人与自然和谐发展

化碳和甲烷含量的变化,正是从18世纪晚期起,这两种气体的含量,在全球有突发性的增高,而发生这一变化的时间与1784年瓦特发明蒸汽机的时间相当。换句话说,就是工业革命的开始。他认为工业革命以后地球环境因此发生了划时代变化,所以提出把从那以后的新时代叫做"人类世('Anthropo-'是人的意思,'-cene'是地质时代'世'的意思)"。他和另一个地质学家施托默对这个问题非常重视,他们从1750年来人口、GDP、投资,还有化肥、水资源、城市人口,甚至麦当劳餐厅、纸的消费、机动车、通讯、交通、电话、国际旅游等方面,做了一个很好的图解,说明自工业革命以来,从1750年到1950年人类活动强度有一个突发性的快速的增长,人类活动的影响深入到地质过程的各个方面。由于人类活动而造成地球上自然环境的变化,如二氧化碳、一氧化氮、甲烷、臭氧层的消耗、温度、洪涝、渔业、每年虾的产量、海岸带氮的通量、热带雨林的消失、耕地的消失、物种的灭绝,也显现同步的变化。如果把这两个统计图放在一起来看,其变化趋势非常相似。这说明了自然界的变化与人类的活动几乎是同步的,所以才说人类的作用成为一种重要的地质营力,对地质过程是有普遍影响的。也正因为如此,他们提出了"人类世"的概念。美国的另一个地质学家拉迪曼(W. F. Ruddiman)则对他们的提法提出修正,拉迪曼认为人类世实际开始不应在1784年,而应在几千年以前。那时,地球环境的变化是与农业出现和随之而来的农业实践中的技术革新有关的,所以他主张不仅是二氧化碳,包括甲烷在内,对于地球上大气层造成的温室效应,随着农业活动的出现就已经发生了,其开始时间应该在几千年以前。我认为,无论克鲁琛和施托默的说法,还是拉迪曼农业开始的说法都是有一定道理的,至于"人类世"起始的时间,则有待通过研究的深入来确定。在我国的南方,比如说浙江余姚的河姆渡,早在1.4万年前就有种植的水稻了。可以说,从这个时候起,人类活动已经造成了地表过程的改变,从那时起开始作为一个新的地质时代的开始也未尚不可。不管是从克鲁琛和施托默还是拉迪曼,不管是从二氧化碳还是甲烷,他们提出了这样一个具有普遍性的现象,定义一个特殊的时期,叫做"人类世"应该是可取的。但是进入了"人类世",如何解决人们遇到的人与自然的关系问题,无论克鲁琛和施托默,还是拉迪曼都没有提出来。我想如果给"人类世"下一个定义的话,那就是人和自然相互作用,并逐步达到和谐发展的时代。我们对人类世的看法正好像路甬祥院长以前提过的人与自然和谐发展的时期,这正符合我们给"人类世"所下的定义。"人类世"是最新的一个地质时代,他的特点就是人和自然相互作用加剧,涉及可持续发展的各个方面,所以我们研究"人类世",不仅需要多种自然科学的交叉融合,也要

人与自然和谐发展

求自然科学和社会科学的通力合作。加强地球系统的研究,实现人与自然的和谐发展。2003年12月10日,副总理曾培炎在第八次李四光地质科学奖的颁奖大会上讲过,地质事业有四个转向,其中就有地质事业要努力实现从研究单一的地质问题,向综合研究地球的系统科学转变;从主要提供资源保证,向资源保障和环境保障并重转变。这就要求地球科学工作者要全面地不断努力发展地质科学,为矿产资源开发和人与自然的和谐发展的研究而努力奋斗。

参考文献(略)

南极中山站

黄河水资源变化与可持续性利用的主要问题

刘昌明

【作者简介】刘昌明,水文水资源学家。湖南汨罗人。1956年毕业于西北大学。历任中国科学院地理研究所研究员,石家庄农业现代化研究所所长,北京师范大学资源与环境学院院长,我国地理水文研究领域的倡导者与开拓者。他发展了地理方向的水文和水资源学,在水循环、产流模式、水文实验、农业水文、森林水文、全球变化的环境水文等方面均有建树。他将水文学的地球物理、工程方向与农田水利等方向相结合,建立了地理水文学。他解决了缺少资料地区小流域暴雨洪水计算的难题;在南水北调环境影响的研究中,他发展了地理系统分析方法,建立了模型;在水文过程、水量转化及调控研究中提出了多水转化理论,深化了水循环理论;由他提倡的雨水资源化具有概念上的革新意义。

1995年当选为中国科学院院士。

黄河水资源变化与可持续性利用的主要问题

　　黄河是我们的母亲河,围绕黄河有一个很大的研究计划,就是在1998年,中国科学院组织专家、学者进行黄河断流考察,当时是以孙鸿烈院士为首,我们配合进行调查,写了一个咨询意见给中央。当时,温家宝副总理做了批示。1999年,水利部让黄河水利委员会研究黄河的重大问题,从1999年到现在,专家们利用信息手段搞数字黄河,搞一些硬件,包括调水调沙的一些工作。黄河的研究和治理工作非常广泛,因为它是中国的第二大河流,不管是它的流域面积还是它所影响的人口,都非常大。黄河流经9个省,实际上它的供水范围到了11个省。图1为黄河的位置图,这是从卫星照片上看到的黄河,图2是最近我们建了分辨率成像光谱仪(MODIS)接收站以后,用MODIS影像做的第一张黄河全图。黄河流

▲图1　黄河

▲ 图2　黄河流域的分辨率成像光谱仪(MODIS)影像

域的概况，大家都很清楚。黄河全长5464千米，流域面积80万平方千米，包括鄂尔多斯那一块，人口是1亿多。黄河的水资源总量，我们用的是多年平均值710亿立方米，其中地表径流是580亿立方米，但是这个数字现在有很大的变化，因为气候和人类的活动都会影响黄河的水资源量，这是一个基本概况。这些问题，大家可能都已经非常熟悉了，但还是应该提一下，这是为了下面谈可持续利用黄河的水资源而作为一个背景来介绍的。

　　现在，我想从三个方面给大家介绍一下我今天要讲的主要问题。从上游区来看，图3表示的是黄河上游的水源地，这是根据2001年4月14日的分辨率成像光谱仪

黄河水资源变化与可持续性利用的主要问题

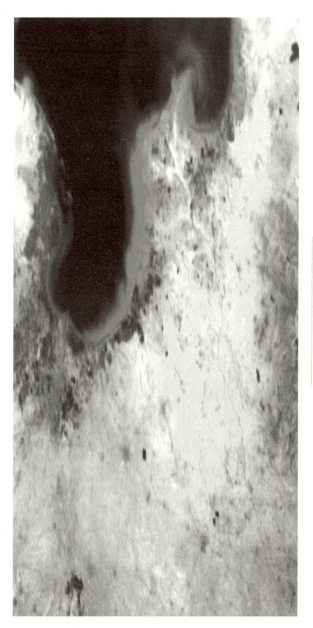

▲图 3　黄河上游水源地

(MODIS)影像做的图,图中的两处黑块是上游区两个源头湖——扎陵湖和鄂陵湖。图4是黄河流域源区图,从图中可以看到上游源区的主要水系分布情况。从两个湖下来,一直到青海省境内唐乃亥以上是黄河很重要的水源区。兰州以上的水资源占黄河总量的56%,大量的水来自于这个地区。这里的雨量虽然不是很大,但是在青藏高原上,它的温度很低,常年的气温是-2℃左右,所以蒸发量很小,水分大量盈余。兰州站的年平均流量占整个黄河的56%。图5是黄河首曲的风光,大家可以看一下,主要的问题就是这个湖泊水位的下降。20世纪90年代以来,黄河源区发生了很多变化,如黄河源区发生断流,主要是在扎陵湖和鄂陵湖之间发生断流,生态条件恶化,气候变暖;另外,人类的活动过多,如增加了很多牛羊使草场超载;在一些地方,淘金的负面影响也很大,等等。最近出现的这些问题,我们一直是有研究的,除了我们的课题涉及这个问题以外,中国地质大学也专门研究了这个问题。到现在,这个问题还在研究之中,所以这也是大家应该关心的一个问题。我刚才说了,黄河上游兰州以上的水占了黄河总水量的一半以上,如果不弄清楚源区水的变化问题,我们就很难对黄河的水资源进行合理利用。图6是表示鄂陵湖水位下降的情况,从这里我们可以看到原来湖泊水位所在的位置,现在水位退下来了,另外还可以看到源区有很多沙地。这些沿

黄河水资源变化与可持续性利用的主要问题

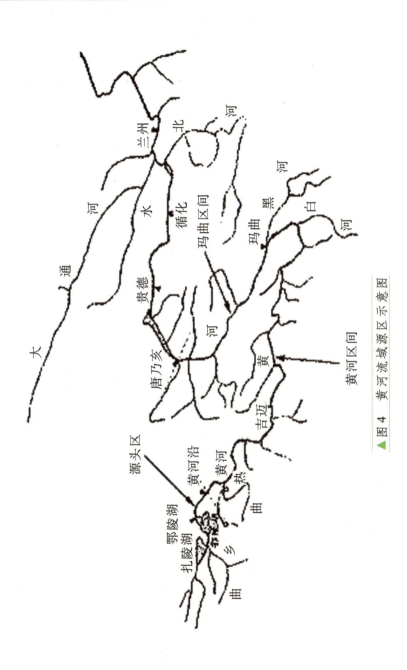

▲图4 黄河流域源区示意图

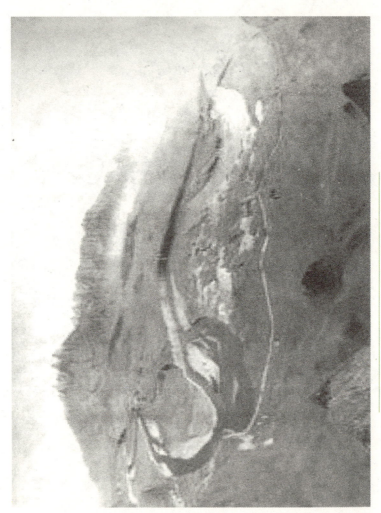

▲图 5 黄河首曲风光（王庆斋拍，下同）

黄河水资源变化与可持续性利用的主要问题

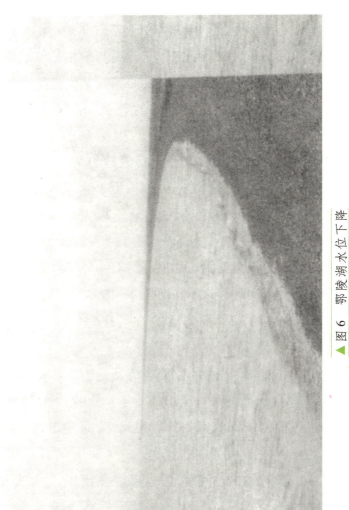

▲图6 鄂陵湖水位下降

着黄河上游河岸的沙地(图7),是在风的作用下形成的。此外,还有沼泽地和草地的退化与生物多样性的减少的问题。图8是黄河上游的一些沼泽地、草场及一些动物。由于人类和气候的影响,这里的生物多样性也受到了很大的冲击。从超载放牧的情况看,过多的羊在山坡上吃草(图9),造成了草场的超载,引起了草场的退化。还有一些草原动物的问题,因为草场退化,畜牧业不景气,牧民因而遗弃房子到其他地方居住(图10)。再者,鼠害也很严重,图11是一些鼠洞。老鼠把草根吃掉,草就没法存活了,牛羊放牧就受到很大的影响。此外,源区还有大面积的水土流失(图12)现象,面积达754万公顷,这个数字是我们于2002年组织人员调查的。我们再看一下黄河源的水文记录,从1995年到最近,除了1999年外,它的距平都是负的,所以水量都减少了,尤其是2000年特别少。

现在来看黄河中游地区的情况,中游地区也有一系列的问题。我们先看一看2001年4月的一个分辨率成像光谱仪(MODIS)影像,图13表示黄河中游区,从内蒙古托克托县头道拐下来,这是中游区,中间有一大片黄土高原,这个地方的问题也是非常突出的。大家知道,这是世界上最大的黄土地区,黄土沉积非常深厚,最深的地方有200多米,它主要是由100多万年以来的风尘堆积而形成的。黄河也是在170万年以前形成的,这一

黄河水资源变化与可持续性利用的主要问题

▲图7 沙漠化问题

▲图8 草场退化，生物多样性减少

黄河水资源变化与可持续性利用的主要问题

图 9 超载放牧

▲图10　牧民遗留的房子

▲图11　鼠洞

黄河水资源变化与可持续性利用的主要问题

▲图12 黄河源区的水土流失现象

▲ 图13　黄河中游

黄河水资源变化与可持续性利用的主要问题

地区的问题也比较多,尤其是土壤侵蚀问题非常严重,其主要原因是长期以来森林被砍伐造成的。但它还是有森林保存的,森林在什么地方呢?在子午岭和黄龙山,两片大的林区有1万多平方千米。我们知道,黄陵即轩辕黄帝墓,它的周围有很大一片森林,这片森林是次生林,它的覆盖率非常高。另外,黄河中游还有沙漠化的问题。暴雨洪水是季节性的,暴雨强度的特点是在单位时间里下的雨量比东部地区还大。再者就是周围一些煤矿开采及其他工矿业造成的一些污染。当然还有其他一些问题。如果没有去过黄土高原,我们可以看一看,黄土高原(图14)千沟万壑,光秃秃的,没有植被,下起暴雨来黄土都被冲下来了。

我们再来看一看源区的情况,源区上面还有一些平地,这是另外的一种类型黄土,它的沟蚀情况也是非常突出的。图15表示森林被破坏的情况。下面再看一看沙漠、沙尘的情况(图16)。另外再看一看污染,从图17中可以看到黑色的污染带,这跟采煤有关。所以黄河中游水资源的问题,不论是水量与水质,还是生态与环境,问题都很紧迫。所以报告刚刚开始的时候,有人说让我做一个生态与环境问题的报告,我就放在这里讲了。当然,要讲水资源的话,就要连带着讲生态与环境的问题。黄河下游河流水量减少,大家可以看见河道基本上是干涸的。

▲图14 黄土高原

黄河水资源变化与可持续性利用的主要问题

▲图15 森林的破坏

▲图16 沙尘暴

▲ 图17　黑色污染带

　　下面再来看一看黄河下游。图18是2001年4月拍的MODIS卫星照片，图中是黄河下游河道，这个地方的问题更多，开封和河南大学就在下游地区，这个问题我可能不需要讲得太多，但是也要顺便提一下。下游的断流、泥沙淤积问题，大家都是知道的。另外，关于黄河下游形成的"悬河"问题，已经开过"二级悬河"会议，还要进行一些研究。湿地，包括三角洲与河口。河南大学有一些毕业设计可能到实地做过一些关于三角洲问题的调研，大家可能已经有很多信息了。再者是溃堤和泛滥的问题，因为最近几年没有下过什么大的暴雨，如果一旦下大暴雨的话，因为河槽的行洪能力减弱，"悬河"就可能溃堤发生泛滥。现在没有大水，如果有大水的话，可能就有很大的危险。现在下游地区的用水量，是随着人口和经济的

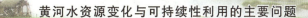

黄河水资源变化与可持续性利用的主要问题

发展而增长的,耗水量很大。一般来说,大都是地面灌溉,节水灌溉的面积现在还比较有限。大量引水灌溉会引起黄河断流,现在河里已经没有水了,这个时候的断流叫做零流量断流。还有一种情况是,虽有很小的流量,但仍有功能性的断流问题。通过小浪底水库调节以后,黄河下游再没有断流过,但是生态功能需要的流量问题仍是我们正在研讨的一个方面。现在我们来看,河

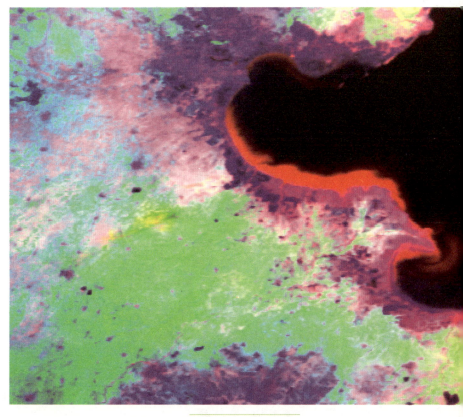

▲图18　黄河下游

环境与资源科学技术集

床抬高就是一个很明显的例子(图19)。图19是一座被不断加高的桥,在1969年加高这座桥后,1974年、1989年又分别进行了加高。中华人民共和国成立以后,黄河下游大堤加高了4次,每次平均加高1米,桥梁也跟着加高,所以一直是往上抬的。现在大家都熟悉开封市这一段的黄河河床,要比开封市区的地面高10米,一旦洪水来了,危险很大。下游的黄河好在有小浪底水库(图20)控制,小浪底水库能够挡千年一遇的洪水。但在"小花

▲图19 河床抬高

黄河水资源变化与可持续性利用的主要问题

▲图20 黄河小浪底水库

间"，即小浪底到花园口这个区间，流域面积有4万平方千米左右，却是没有控制工程的，而这一区间又是一个暴雨区。伊、洛、沁河最大的隐患是在小花区间发生大的暴雨，下面河槽的泄洪能力很低，又是"悬河"，很可能导致灾难。黄河下游的防洪工程，至今还是一个突出的问题。为了冲刷河道里的泥沙，黄河水利委员会进行的调水调沙，我叫它人造洪峰调水调沙（图21），实际上用了水库里面的水向下泄，以2600立方米/秒的洪峰流量往下放，旨在使下面的泥沙能够冲到海里面去。我们要一分为二地看待洪水，洪水不像过去说的那样是"洪水猛兽"，河南过去逃荒，都是因为大水来了，但是现在看来，可以一分为二地看，如果没有洪水的话，这个河流可能就没有生息。最明显的例子，我们在西部地区看到额尔齐斯河，它的两岸有河岸林，这个河岸林的生长靠什么呢？就是靠夏天的洪水泛滥灌溉，如果上面的水库一修，下面没有洪水下去的话，这些树全都会枯死，变成荒漠。所以我们现在对洪水应该有一个确切的看法，一个河流里面没有洪水不一定好，问题在于人和洪水之间要和谐，人跟水要和谐共处才行。

▲图21　人造洪峰，调水调沙，冲刷河捞

黄河水资源变化与可持续性利用的主要问题

现在讲一下黄河水资源的变化情况。黄河水资源的变化主要受两个方面的影响,一方面的影响是气候的变化,另一方面的影响是人类对水资源的开发利用。过去俄罗斯有一个科学家,他有一句名言:河流是气候的产物。我们研究河流、水资源的时候,不能忘了气候的影响,要研究气候与河流的关系问题,气候变化对河流的影响是很重要的。从1470年开始一直到20世纪90年代,我们用历史记录的资料计算距平,按累积距平做了一条曲线(图22)。从曲线图中可以看出,500年来旱年累积负距平明显。黄河到底要干旱多少年?我看到一个研究文献说最长的周期是60年,从20世纪60年代开始,已经过了三四十年了,是不是还要二三十年?现在值得科学家来回答这个问题。是不是要更长的周期?像李吉均院士谈的问题,我想能不能结合起来考虑黄河

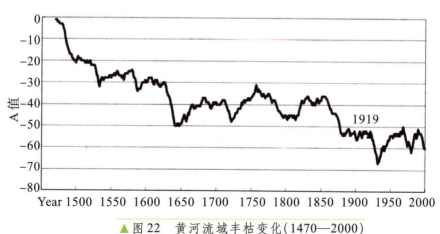

▲图22 黄河流域丰枯变化(1470—2000)

到底还要干旱多少年？但是,现在新疆和甘肃的中部以西,就是河西走廊那里,开始有气候转型的趋势,由暖干型转成暖湿型,因为气温升高了,但是气温升高,就相应产生两种情况,一是在升温情况下,降水是减少的;二是在升温情况下,降水是增加的。我们在报纸上已经看到了,说气候在转型,这里指的主要是新疆的水量在增加,博斯腾湖的水量在增加,新疆全区雨量也有所增加,到今年增加了20%多。这样就有人提出问题来了,温度升高,冰川消融的贡献有多大？这还是值得研究的。总的来讲,气候对河流来说,是非常重要的,但仅仅说河流是气候的产物,我觉得现在当然不完全是这样了,还应该强调人类活动的影响,这是我们研究的重要内容。从过去40多年以来黄河水循环要素的变化(如雨量的距平、气温的距平)来看,总的来说,雨量是在减少的,而径流减少更明显。至于黄河的蒸发(图23),我们从1982年到2000年,用美国气象卫星(NOAA—AVHRR)遥感资料进行分析,得出历年的蒸发量变化。图24表示黄河流域年降雨量的变化情况。总的来说,从1952年到20世纪末的50年里,年降水量的变化斜率不是太大,减少趋势明显,而且从现在的趋势来看,到了21世纪初期,还可能有所减少。我们看一看黄河流域径流量的年变化情况(图25),径流量减少更大,我把它们放在一起比较,能够更好地说明水循环要素的变化。年降水量减少,但是径

黄河水资源变化与可持续性利用的主要问题

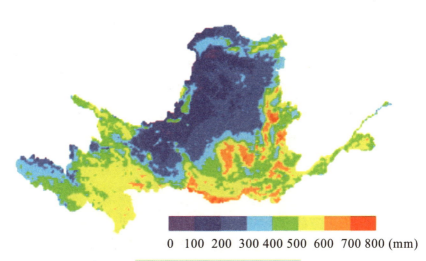

▲图23　黄河流域蒸散发量

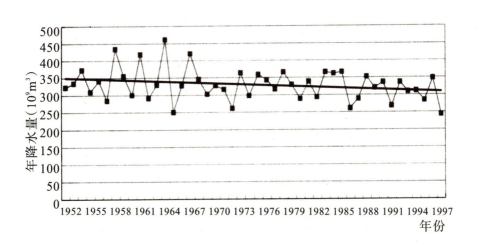

▲图24　年降水量变化

流量不完全跟它是同比例变化的，而是径流量减少更大一些。现在再看组成年径流的地表水，即地表径流在过去50年里的变化情况（图26），这是由一个实测资料分析计算得出的，其减少更明显，原因是受到人类活动的影响。对从地下水而来的年地下径流变化（图27），我们也做了一个分析，发现基流也在减少，地下水水量补给是减少的。从过去50年来看，在20世纪60年代中期以前，它还有一点小小的上升，但是到了60年代中期以后开始下降。这是为什么呢？这很可能是在黄河流域，由于经济的发展、灌溉的发展、城市的发展，开采的地下水增加了。地下水与地表水互相之间是有机联系的，一部分地下水是由地表水流中有一部分是地下水渗流入河道之中，所以两者之间有相互作用，这是一个基本的科

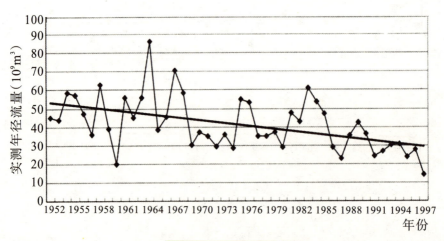

▲图25　年径流量变化

黄河水资源变化与可持续性利用的主要问题

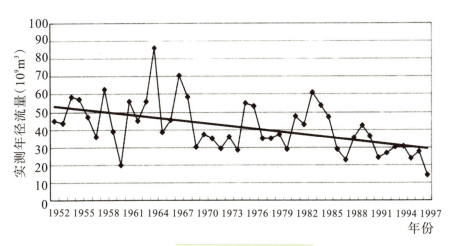

▲图26 地表径流变化

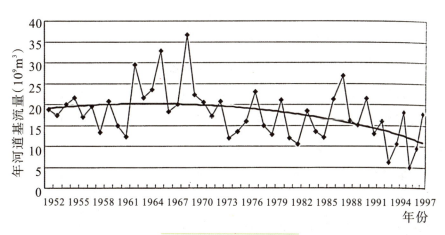

▲图27 地下径流变化

学原理。非常明显,在图27中,横坐标上的垂直线正好是在20世纪60年代,我们看打井开采地下水的记录,大规模开采地下水大概也是从这个时候开始的。所以很可能随着地下水的开采,基流也就开始减少了。基流是河川径流总量中维持河流生态功能最重要的组成部分,是指枯水期或者是全年无雨期间最基本的流量。洪水期的暴雨产生的地表水也在减少,这也是原因之一。黄河水量变化的主要概念就是这样的,总的来说,首先从15世纪开始,主要是气候干旱年份出现多于湿润年份;其次,河流的基流下降与洪水量减少大致是从20世纪60年代中期以后开始的;第三,就是土地利用下垫面条件的变化,主要是由于人类活动引起的。另外,河流水量、降水和温度之间的关系是非线性关系,是曲线关系。气候变化在空间上有变异性,它在一个大流域里,各地是不相同的。人类活动的影响从20世纪60年代到现在可以看得很清楚,它的影响对于黄河是比较明显的。这可从以下几个数字来看,黄河流域年平均流量为580亿立方米,这是按照天然系列算的。所谓天然系列,指的是把河里面提走的水、引走的水都还原回去,形成天然系列。其流量是1840立方米/秒,而流域总的引水能力是6000立方米/秒,包括引水闸及水泵抽水等,下游在河南和山东两省加起来有4000立方米/秒,2/3都是在下游,超过了天然流量的两倍、三倍。在这一情况下,

黄河水资源变化与可持续性利用的主要问题

一旦全部开动起来,就有可能把黄河吃干,这是非常严峻的事实。图28表示引水能力超过天然流量的情况。

我们做了一些研究,主要是分析黄河水资源变化的一些规律,怎样维持它的可持续利用或者是可更新的机制。黄河水量不仅随时间而减少,而且其空间变幅也非常大。过去50年,年降水量200毫米等深线(图29)变动的宽度差不多有200千米。200毫米的年降水量是干旱荒漠的降水界限,在宁夏回族自治区,干旱年可以向东推进约200千米,到陕北黄土高原,降水空间变化非常明显的。400毫米年降水等差线(图30)的变化更大。400

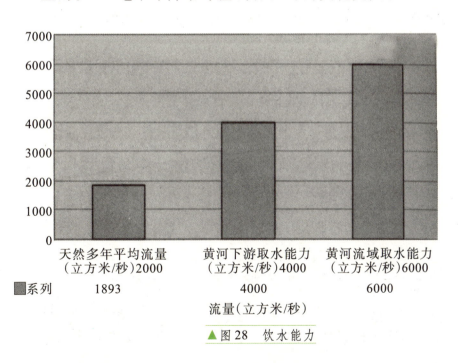

▲图28　饮水能力

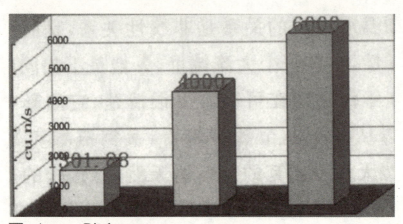

　　■ Average Discharge
　　■ Tater tithdratal capacity of the toter Region
　　■ Tater tithdratal capacity of the toter Region

▲ 图29　200毫米降水空间际变幅

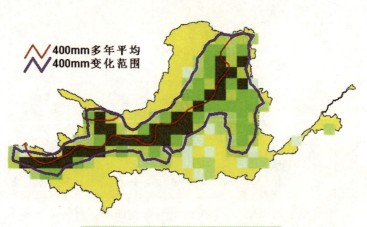

▲ 图30　400毫米降水空间际变幅

毫米的雨量在生态上,一般来说,是森林生长的雨量线,400毫米雨量线的摆动决定了这一带的生态脆弱性。黄

黄河水资源变化与可持续性利用的主要问题

河流域的生态一旦被破坏,要恢复是很困难的,而且需要很长的时间。图31表示的是600毫米年降水量等深线的空间变化,600毫米年降水大致是半湿润与半干旱区的分野,也是黄河流域水资源的主要产雨区。600毫米的变化范围很大,往东南可以推到黄河流域边界。600毫米平均值的动态变化很大,这是一个半干旱区河流的特征。此外,我们通过能量和水循环监测系统,也做了雨量的一些研究。对蒸发的确定,我们已开发了一些蒸散发的模型,包括基于遥感数据用累计的净植被指数(NDVI)来计算黄河流域的蒸散发量,实际的和计算的结果是接近的。基于地理信息系统(GIS)手段用补偿关系的方法来进行蒸散发的计算,也得出了黄河流域年、月蒸散发量的结果。这些都是水循环要素研究的新进展。

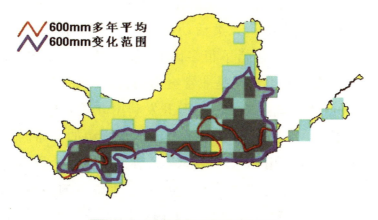

▲图31 600毫米降水空间变幅

关于数字河流的问题,主要是研究分布式水文模型,我们在黄河流域选出几个典型流域,做数字流域,实际上用数字高程模型(Digital Elevation Model,DEM)来生成水系系统,然后结合产汇流来进行。我们开发了系统界面来计算它的水文过程,正在利用更多的实测资料对模型做进一步的检验,提高它的应用价值。此外,我们还开展了室内实验研究水文过程,实验得出来的流域汇流过程,为黄河的径流计算提供了有用的理论根据,对水资源的研究也非常重要。

为了配合项目,我们建立了一个信息平台,这个信息平台包括一些主要的子课题,还有信息系统,实行数据共享。黄河流域的信息系统有多种功能,包括编制1×1千米的DEM图、黄河气温的变化图、地理信息系统网络化的降水图、土地利用的情况、植被分类等。

总的来说,黄河流域的水资源发生了巨大变化,我们正在研究之中。人类活动与气候对黄河水资源的影响,这两个向量包括了很多因素,都会对黄河的水资源造成影响。人类活动是非常突出的,因为人是用水的主体,所以我们就要考虑水资源开发利用方式的合理性。

下面我们来讨论关于黄河流域水资源的策略问题,这个问题可以用"一、二、三"来概括,就是"一个目标,两个原则,三大措施"。"一个目标"就是水资源的可持续利用,要需水量趋近零增长。下面给出的是日本的例子。

黄河水资源变化与可持续性利用的主要问题

日本从20世纪80年代开始，工业用水趋近零增长，特别是新鲜水的取水量甚至有所减少。美国也是这样的，美国农业用水仍占其全国总用水量60%，但是从80年代开始，它的总用水量是下降的，只有生活用水、城市用水仍有缓慢增加，而农业用水、工业用水和总的用水量都是下降的。总之，所谓"一个目标"，就是维持黄河的健康生命，实现可持续发展，需水量零增长。"两个原则"就是适应和和谐原则。我们不能完全抗衡大自然，不能人定胜天，我们反对"人定胜天"这个提法，对于大自然，我们要采取适应性对策。另外，我们在利用资源的时候，应强调人和自然和谐共处。这是关键的思路，也是主要的对策。"三大措施"为：要强化节水、要防污、要多渠道地开源，包括调水。南水北调工程已经启动，也有"三先三后"的提法，即"先节水后调水，先治污后通水，先环保后用水"。

关于水科学问题的前瞻问题，主要是根据过去十年国际地圈生物圈计划(International Geosphere Biosphere Programme, IGBP)第一阶段和现在新的IGBP十年第二阶段(IGBPⅡ)，从今年开始。怎样接轨？跟IGBPⅡ与国际主要水资源研究计划接轨，除国际地圈生物圈计划外，还有国际测地联合会、联合国国际水文计划等。IGBPⅡ有两个新的内容：一个是全球水系统项目(GWSP)，另外一个就是国际水与气候对话计划组织(DWC)，这些

大的计划都在实施中,它包含了水、二氧化碳、饮用水的问题;要研究全球水系统,主要是要解决水资源的社会学问题。

关于黄河水资源的重大的科学问题非常多,我在这里提几点:一个是我们要继续研究水循环,水循环搞不清楚,机理就搞不清楚;机理搞不清楚,就没法提出自己的思路。第二,可再生性或水资源的可更新性是非常重要的,水的开发利用总是有限度的,要人与水和谐相处。另外,黄河很独特,在国际上也很有特色,它是一个非常大的半湿润半干旱地区的大河。半湿润半干旱地区的水文学研究是薄弱的。它的一个重要的特点是水的时空分布变化大,水资源系统与生态系统脆弱。研究水资源要考虑人和气候的因素,尤其是要考虑人类活动对水资源的影响。上面所讲的内容是主要的问题,不是所有的问题,我特别强调一下。

湿地与人类

孙广友

一、湿地科学的性质与框架结构
二、湿地——地球上的重要景观
三、湿地的功能和效益
四、保护湿地,实现湿地与人类和谐共存

【作者简介】 孙广友,男,1939年12月生于黑龙江省哈尔滨市,祖籍山东梁山县。中国科学院东北地理与农业生态研究所研究员。1962年毕业于东北师范大学地理系,同年到中国科学院东北地理研究所工作至今。现任研究员,博士生导师,兼上海师范大学及首都师范大学教授,中国地理学会第七届常务理事。长期主持、参加国家及中国科学院重大项目,主要研究领域为地貌学与第四纪环境、自然地理学、沼泽湿地学。发表学术论文100余篇,合撰著作10部,其中5部任主编或副主编。代表性论文有

"长江正源再考"(《地理科学》8卷3期),提出了当曲是长江正源的新见解;代表性学术专著有《横断山区沼泽与泥炭》(主编,科学出版社,1998),为中国首部沼泽区域性理论研究专著。

孙广友教授取得地理领域的多项重要发现,如长江新正源,黑龙江、松花江、嫩江及黄河古道等;在湖沼演化过程方面建立了新模式,从而在理论上获得新突破;曾荣获竺可桢野外科学工作奖,国家级、省部级及中国科学院科技进步奖7项,国家发明专利2项,并荣获四川省政府颁发的"长江科考漂流勇士"称号,吉林省政府授予的"吉林省科教兴农先进工作者"称号,荣获路易斯安那州立大学科研合作成果突出荣誉奖等。

湿地与人类

湿地是地球上具有强大生态、环境与资源功能的独特自然综合体,是人类孕育的摇篮和重要的生存发展空间。随着Ramsar"国际公约"广义湿地概念的确立,湿地生态系统已被确认为地球上与森林、海洋相并列的三大生态系统之一。人们不仅从其独特的环境功能上,承认其"地球之肾"的作用,而且认识到它是"淡水之源"和最丰富的物种基因库,是人类可持续发展的根本保证。

正是在发掘可持续发展功能的驱动下,湿地研究在当今世界呈现出空前活跃的局面,根据最近3次四年一届的国际湿地会议(IWC)、国际泥炭会议(IPC)、国际湿地研究会议(IWE)等会议报告显示的资料,国际上每年发表的湿地及与湿地有关的论文约在5000篇左右,代表性专著有*Wetlands*等,并逐渐形成一些重大领域和焦点问题。中国的湿地研究近10年来取得了明显进展,出版代表性专著多部,从整体上显示出其里程碑意义。同时,国际湿地会议在中国召开,中国科学院和国家教育部分别成立了"湿地研究中心",以及政府大力实施"湿地行动计划"等,都表明中国湿地研究态势良好。

当前,我国正进入建设一个科技发达、经济繁荣、自然与社会和谐进步的新时期,如何深入认识湿地研究的繁荣,和正确处理人类与湿地的关系,是能否实现可持续发展的一个关键问题。

一、湿地科学的性质与框架结构

要引导新兴的湿地科学(Wetland Science)快速发展,这就要求人们深化对湿地概念、研究范畴、任务和方法等基础性问题的认识。

1. 湿地定义

湿地定义可分为狭义和广义两类。狭义的湿地定义即是原来的沼泽定义,各国并不统一。苏联学派的定义是:沼泽是一种地表景观类型,它经常或长期处于湿润状态,具有特殊的植被和相应的成土过程,它可以是有泥炭的,也可以是无泥炭的。欧美学派在描述这类景观时,多用湿地(wetland)一词,而把沼泽看成其所属单位。如美国湿地学者 W. J. Mitsch(国际湿地协会主席)有这样的定义:湿地包括森林沼泽,泥炭藓沼泽,腐泥沼泽,湖塘沼泽,低湿泥炭地和其他潮湿生态系统。其著作 *Wetlands* 所罗列的沼泽有 20 余种。中国传统上给沼泽的一个非常通俗而形象的说法是:沼泽,即水草聚集之地。我国在不同的时期,曾赋予沼泽不同的内涵。中国古代称为"菹茹"或"润泽"。所谓菹茹指泥泞之地,而润泽则指水塘或浅湖水域,在这里,世界上两种主要的沼泽类型都涉及了,可见我国古人智慧之高超。伟大地理学家徐霞客在其"游记"中写道:"前麓皆水草葅茹"。指的就是冲、洪积扇前缘地下水溢出带上的沼泽类型。对于湖滨沼泽的描述更为精彩:"海子大可千亩,中皆沮草青青,乃草土浮结而成者,亦有溪流贯其间,地不可耕,其亦不储水。行者以足撼之,数丈内皆动。牛马之就水草者,只可在涯垠间。当其中央久驻,轭陷不能起。故居庐亦俱濒其四围,抵垦坡麦而竟无就水为稻畦者"(标点系本文作者所加)。徐霞客在这里对湖滨浮毯性沼泽的特征作了生动叙述,还就湖滨的人文经济,绘制了一幅"湖沼居耕图"。他对沼泽生态及经济景观的深刻洞察,实令当今国内外湿地专家惊叹称绝。我国至21世纪初才正式有"沼泽"一词,夏建寅在《黄河流域古今地质变迁及将来危机》一文中说:"沿河诸省,最称腴壤,森林沼泽,随处皆有"。这是在我国近代科学文献中首次出现"森林沼泽"的字眼。20世纪70年代,中国科学院长春地理研究所曾给出一个相对合理的定义,沼泽具有三个相互联系、相互制约的特征:(1)地表多年积水或处于过饱和状态;(2)生长沼生或湿生植物;(3)有泥炭或草被层,或土壤具有明显的潜育层。显然,这个定义强调了沼泽应具备水分、植被和土壤三要素,不问其是否有泥炭层。但这个定义的缺点是语言不够精练,哲理性也不够强。作者在《横断山区沼泽与泥炭》一书中,对这一定义做了改进:沼泽是在地表过湿或具有浅层积水,土壤发生潜育化或形成泥炭,生长沼—湿生植被的地理综合体。

"湿地"一词于1956首先被美国使用。各国赋予的内涵各不相同,较公认的广义湿地定义是由Ramsar《国际公约》提出。1971年,18个国家和5个观察员国家以及几个非政府组织,在伊朗拉姆萨尔召开国际会议,通过了世界上首个湿地国际公约——《关于水禽栖息地保护的湿地公约》,简称《湿地公约》,国家文本译为:湿地是指不问其为天然或人工,长久或暂时的沼泽地、泥炭地或水域地带,也不问是静止或流动的、咸水或淡水水体,都称为湿地,还包括低潮位时水深不超过6m的海域。作者认为此译法亦不够准确。作者的译文是:湿地是指陆地上天然的和人工的、永久的和暂时的各类沼泽与泥炭地,以及流动或停滞的咸、淡水体,也包括低潮位6m水深以内的海域。由此可见,国际公约给出的是一个相当宽泛的定义,它包括地球上一切沼泽地、泥炭地、江河湖泊构成的咸、淡水体,以及部分沿岸浅海,成为地球上非常重要的地理景观。但是,应该指出,这也不是一个学科性很强的湿地定义,因为它显然缺少定义必备的内涵部分,我们这里予以补充,力求形成一个较完整的定义:湿地是地球表面过湿或被浅水体覆盖,发育湿—水生生物群的自然综合体;包括天然的和人工的、永久的和暂时的、咸水的和淡水的各类沼泽、泥炭地和水

体,也包括低潮位6米水深以内的海域。

　　至2005年,《湿地公约》已有143个缔约国,全球1399块湿地(面积1.23亿平方千米)被列入世界重要湿地名录。我国于1992年成为缔约国,并认真履约,责成林业部组织协调国家湿地事宜。在中国科学院等部门的协同下,我国于2000年编制并颁布了《中国湿地保护行动计划》。2001年启动了《全国野生动植物保护及保护区建设工程》。2003年,国务院批准了《全国湿地保护工程规划》。到2004年,中国入选国际重要湿地名录的各类湿地,已发展到21块,面积达303万平方千米;建立湿地型保护区353处,全国近40%的湿地纳入有效的保护体系。我国采纳广义的湿地定义是一个进步,有利于从全球的视野中管理湿地环境,对湿地科学的发展也更为有益。

2. 湿地分类

　　湿地分类在当前也存在着狭义和广义两类。狭义湿地分类即原来的沼泽分类。20世纪70年代后,国际上出现了由沼泽分类向湿地分类的转变,逐渐形成有代表性的美国、加拿大以及"国际公约"的湿地分类;而中国在近年形成体系较完善、指标较明确的沼泽分类方案的同时,也开始探索湿地分类。但总的来看,现有的湿地方案都远未完善。

首先,加拿大的湿地分类列出了类(Class)、型(Form)、级(Type)三级。首级 Class 依据 pH、Ca、Mg 指标划分,次级 Form 又主要以地区划分,第三级则以植被类型划分。该分类具有适应本国区域的局限性,难以同"国际公约"的湿地定义对接。

其次,美国湿地与深水生境分类划分了系(System)、亚系(Subsystem)、类(Class)、亚类(Subclass)四级。其中首级 System 划分为海洋湿地、河口湿地、河流湿地、湖泊湿地和沼泽湿地;第二级 Subsystem 划分为 Subtidal、Intertidal、Tidal、Lower perennial、Upper perennial、Intermittent、Limnetic、Littoral 等9种,第三级则根据岩性和植物隐显状态划分,而第四级主要依据岩石和植被的覆盖状态划分,并给出了相关指标。但关键性的第三、四级分类烦琐而偏于生境,没能充分体现湿地生态景观综合特征。

"国际公约"的湿地分类只有两级,第一级分为天然和人工湿地,第二级分为海洋—海岸湿地(下分浅海水域等12类)和内陆湿地(下分河流等14类),人工湿地无第二级,直接下分鱼塘等9类。没有明确分类指标,而且第三级命名混乱,不符合分类学规范。

鉴于此,综合多种湿地与沼泽分类的优点,我们试拟出一个体系较完整而又体现湿地生态综合性特征的湿地分类体系(表1)。

湿地与人类

表1 湿地分类体系

类别	系	亚系	类	型
依据	湿地成因	全球环境分异	区域环境水文状态	地貌类型 植物类型 生态景观
类型名称	天然湿地	浅海与海岸湿地	浅海湿地 潮下带湿地 潮间带湿地 潮上带湿地 河口三角洲湿地	浅海水域（海湾和海峡） 珊瑚礁湿地（及邻近水域） 湖坪湿地 海草湿地 森林湿地（红树林及淡水森林沼泽） 滩涂湿地 潟湖湿地 河口浅滩湿地 河口岛屿湿地
		内陆湿地	（淡、咸水）河流湿地 （淡、咸水）湖泊湿地 （淡、咸水；泥炭、非泥炭）沼泽湿地	（淡、咸水）常年与季节性河流湿地 （淡、咸水）永久与暂时性湖泊湿地 森林沼泽湿地（针叶林沼泽等） 草丛沼泽湿地（芦苇沼泽等） 灌丛沼泽湿地（柳灌丛沼泽等） 藓类沼泽湿地（泥炭藓沼泽等）

续表

				藻类沼泽湿地（狸藻沼泽等） 盐碱沼泽湿地（碱蓬沼泽等）
人工湿地	浅海与海岸湿地		浅海养殖区 海岸养殖区 海港区 人工浴场（观光地）	海带养殖场 苇田、盐田 虾贝田、稻田 海港 海滨浴场
	内陆湿地		人工河、渠 人工湖泊、水库（养殖区） 人工沼泽湿地（种植区） 污水处理湿地	运河、水渠 观光湖、鱼塘、虾塘 珍稀动物养殖场、储水池 苇田、稻田、园林湿地 污水处理池、氧化池

湿地作为一类自然综合体或生态系统，发育于不同的地理环境，分类的高级别以成因最为重要，因此我们也将首级划分为自然湿地与人工湿地；次级以全球环境分异为依据，分为浅海、海岸及内陆湿地，弥补了国际公约分类的缺憾；第三级考虑区域环境、水文状态进行划分；第四级则主要依据地貌类型、植物类型和生态景观进行划分。

自然湿地指自然因素作用形成的各类湿地，很少或

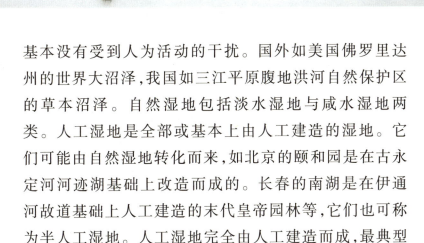

基本没有受到人为活动的干扰。国外如美国佛罗里达州的世界大沼泽,我国如三江平原腹地洪河自然保护区的草本沼泽。自然湿地包括淡水湿地与咸水湿地两类。人工湿地是全部或基本上由人工建造的湿地。它们可能由自然湿地转化而来,如北京的颐和园是在古永定河河迹湖基础上改造而成的。长春的南湖是在伊通河故道基础上人工建造的末代皇帝园林等,它们也可称为半人工湿地。人工湿地完全由人工建造而成,最典型而普遍的例证为稻田、盐田、水库等,前者为淡水(少数为咸水),盐田则是咸水性质。简单来说,也可将湿地分为河流湿地、湖泊湿地、沼泽湿地、滨海湿地和人工湿地等5种(见图1-图4)。

3. 湿地的形成

湿地形成的通俗说法是,湿地是水陆相互作用的产物。但这不够严谨,因为一切地理事物都是地球多层圈共同作用形成的,湿地也是岩石圈等相互作用的结果(见图5)。它不单是水陆两个界面上的产物,而是四个界面上的产物。其中岩石、大气和水是基础性要素,生物则是派生性要素。但在不同地区,各要素又有不同的表现,使湿地具有丰富的多样性。

环境与资源科学技术集

▲图1 沼泽湿地

湿地与人类

图 2 河流湿地

环境与资源科学技术集

▲ 图 3 湖泊湿地

134

湿地与人类

▲图4 滨海湿地——湛江红树林湿地

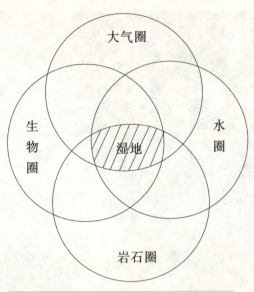

▲ 图5　湿地形成的地球层圈作用模式

4. 湿地科学性质

湿地科学的理论体系尚在完善中。国际上对湿地的科学性质也不够明确。我们认为,湿地科学是研究湿地的分布、特性、形成演化规律及管理的科学。现代新学科的产生都是相关学科交叉的结果。湿地科学也不例外,它是地理学、环境科学、生态学、资源学、经济学等学科理论和方法融合渗透的产物。地理学的空间分异规律、地表过程规律、人地关系规律,环境科学的环境要素综合作用规律、全球变化与区域响应规律,生态学的生物群落理论、生物进化与多样性原理、物质—能量—信息流理论等,显然都是湿地科学基础理论的组成部分。而且地理学的空间区位研究方法、地表过程研究方法、剖面测量法,环境科学的统计学方法、定位监测法等,在湿地研究中也都要借鉴和采用。至于地球信息科学的遥感技术、GIS,经济学的可持续发展理论等,也都需要吸收和容纳,在此基础上才能形成完整的湿地科学体系。因而,湿地在地球表层的分布与形成规律,湿地中的人地关系,以及湿地生态系统和湿地管理是湿地研究的几个基本内容。湿地生态系统最突出的特性是其水陆兼容性:湿地是独特的"水陆复合生态系统"(不是简单的半水半陆),而这一系统同样由生命和非生命系统组成。地球四个层圈的交互作用结果,导致湿地中的物理过程、化学过程、生物过程及人为过程的发生,并表现出湿地独特的形成演化规律。

5. 湿地科学体系框架

湿地科学属于地球科学的新分支,是在吸纳地理学、环境科学、生态学、资源学等学科营养的基础上发展起来的交叉学科,是一个自然与人文复合性的科学系统,初拟结构如下(见图6):

```
          ┌─ 湿地地貌学        湿地经济学 ─┐
          │  湿地沉积学        湿地农学     │
          │  湿地气候学        湿地资源学   │
          │  湿地水文学        湿地旅游学   │
湿地科学 ─┤  湿地土壤学        湿地信息学   │
          │  湿地环境学        湿地工程学   │
          │  湿地生物与生态学  湿地管理学   │
          │  泥炭地学                       │
          └─（理论湿地学领域）（应用湿地学领域）┘
```

▲ 图6 湿地科学体系框架

二、湿地——地球上的重要景观

1. 全球湿地分布

全球湿地总面积8.56亿平方千米，占全球土地面积的6.4%。从赤道到极地苔原均有分布，但北半球多于南半球（见表2）。根据W.J.Mitsch等人研究，热带和亚热带湿地最多。从国家看，加拿大湿地面积最大，其次是俄罗斯和美国，中国列第四位。

表2 全球各气候带湿地分布

地带(Zone)	气候(Climate)	湿地面积(Weltland Area Km² × 1000)	%(Percent of Total Land Area)
极地(Polar)		200	2.5
北方区(Boreal)	湿润;亚湿润(Humid;semihumid)	2558	11.0
亚北方区(Subboreal)	湿润;亚湿润(Humid;semihumid)	539	7.3
亚热带区(Subtropical)	湿润(Humid)	342	4.2
亚热带区(Subtropical)	半干旱(Semiarid)	136	1.9
亚热带区(Subtropical)	干旱(Arid)	1077	17.2
热带区(Tropical)	湿润(Humid)	629	7.6
热带区(Tropical)	半干旱(Semiarid)	439	4.5
热带区(Tropical)	干旱(Arid)	2317	8.7
热带区(Tropical)	湿润(Humid)半干旱(Semiarid)	221	1.4
热带区(Tropical)	干旱(Arid)	100	0.8
全球(World Total)		8558	6.4

2. 中国湿地概况

中国国土广大，自然环境复杂，决定了湿地的分布具有广泛性和类型多样性的特点，几乎包括了世界上所有的湿地类型。湿地面积约6594万平方千米（见表3），占世界湿地面积的10%，位居亚洲第一位，世界第四位。其中稻田约3800万平方千米，居世界之首。青藏高原湿地为世界所特有，使江山更加多娇。

表3 中国湿地类型与列入国际湿地名录

湿地类型	面积（平方千米）	分布区域	中国国际重要湿地名录（1、2期）
自然湿地	3620	全国分布，其中东部区占65%，西部区占35%（内陆盐碱湿地主要在北部干旱、半干旱地区）	扎龙湿地　向海湿地　青海湖　鄱阳湖
沼泽湿地	1370		东洞庭湖　西洞庭湖　米埔　东寨港
滨海湿地	394	滨海湿地沿海岸带分布	三江湿地　洪河湿地　兴凯湖　达莱湖
河流湿地	821		鄂尔多斯　大连湾　盐城　大丰
湖泊湿地	835		崇明岛　南洞庭湖　汉寿西洞庭湖
人工湿地	2228	全国分布，稻田南部占70%	山口　惠东　湛江
库塘	228		
稻田	3800		

湿地与人类

三、湿地的功能和效益

1. 野生动植物生长栖息地,生物遗传基因宝库

湿地有着巨大的生态功能和效益。由于湿地生态系统的高复杂性、多样性和稳定性,因而成为野生动植物的理想发育、栖息地,自然也是宝贵的遗传基因库。我国仅鸟类就有271种,在亚洲57种濒危鸟类中,就有31种在中国湿地,占54%。世界15种鹤类在我国已记录到9种,并且是许多濒危鸟类唯一的越冬地。

2. 减缓径流,净化水质,调节洪水,储存淡水

湿地是一种独特的径流,它的滤过沉淀作用特别突出,而且湿地植物密丛型根系具有强大的有机盐和有害重金属的吸附效应,因而湿地又被称为"地球之肾"。同时,巨大的洪泛湿地又可容纳大量洪水,削减洪峰,减低洪灾。河流、湖泊、水库等又都是人类最重要的淡水资源。

3. 调节区域气候,缓和温室效应

在过去100年发生的10个高温年中,有9个出现在1990—2001年间,正是自然环境特别是湿地受到破坏最严重的时期。湿地具有很高的固碳功能,湿地的破坏和退化必然导致碳排放量的增加。中国降水规律表明,我

国的三江平原、若尔盖高原、长江当曲河源等湿地集中分布区,降雨量有较周围偏高的趋势。

4. 人类最重要的食品库

湿地是地球上生产力最高的生态系统之一,仅次于热带雨林。研究表明,每年每平方米湿地平均生产9克蛋白质,这是陆地生态系统均值的3.5倍。人类的多数重要食品,如谷物、鱼、虾、贝及其他动植物产品,都来自湿地系统。

5. 航运交通便利

湿地中的湖泊、河流湿地,水域开阔,具有重要的航运价值。尤其是沿海、沿江地区经济的迅速发展多依赖于湿地的航运功能。

6. 旅游休闲、科教研究的场所

湿地风光秀丽宜人,复杂的生态系统蕴涵丰富的动植物群落、珍稀濒危物种,成为人们休闲和观光旅游的重要场所,并且在自然科学教育和研究中具有十分重要的功能。尤其是许多河湖湿地,是具有宝贵历史价值的文化遗址,从而成为历史文化研究的重要场所。

湿地与人类

7. 人类的摇篮和可持续发展的重要保证

在人类发展的长河中,湿地对人类的进化起着重要作用。古人类必须生活在热带丛林间的森林湿地中,才能获得必需的淡水;走出森林后,洞穴生活是一个重要阶段。但居住洞穴选在林缘或依山傍水的山麓湿地带,便于汲水和狩猎,"北京人"的发现便是强有力的例证。也正是在河滩湿地上,古人类开始种稻——发明了农业。考古还证明,人类的商贸、城市聚落的出现,也都是沿河流由上游向下游推进的,直到海洋。长江、黄河孕育了华夏文明,印度河、恒河孕育了印度文明,尼罗河孕育了埃及文明,幼发拉底河和底格里斯河孕育了古巴比伦文明……可以说,湿地是人类孕育的摇篮,是文明发祥的载体。

进入现代,湿地仍然是最重要的生态、环境和资源。仅从环境来看,如果没有湿地容纳和降解生活垃圾、过滤和净化废气废水,大气层将遭到破坏,水资源不能循环利用,人类社会就会很快崩溃。因此,湿地是社会可持续发展的重要保证。

四、保护湿地,实现湿地与人类和谐共存

生态退化,环境恶化,资源耗竭,这些都是人与自然的不和谐现象,危及了自然的生存。就是危及了人类自

环境与资源科学技术集

身的生存。湿地也是如此。实现人类与湿地的和谐,是实现可持续发展的前提。然而,我们却正面临可能发生的灾难性后果。

1. 湿地生态环境正在严重退化

世界湿地正面临着过度利用、污染等诸多破坏行为的威胁,导致湿地生态系统的退化,拯救湿地已急不可待。围垦和城市开发是中国湿地面积削减的主要原因。三江平原湿地曾是农垦的重要对象,近40多年来,湿地面积由5.2万平方千米减少到2.9万平方千米;中国的滩涂面积在同期也减少3万多平方千米;天然湖泊从2800个减少到2350个,湖泊总面积减少了11%。洞庭湖每年有1.2亿平方米的泥沙沉积湖内,湖水面积由4350平方千米萎缩到现在的2500平方千米。生态保护区的湿地也并不十分安全,近年,北方的向海和扎龙湿地因干旱和火灾,生态系统受到了前所未有的破坏。中国湿地保护的形势依然严峻。

2. 合理保护、利用、恢复与建设相结合,形成有中国特色的湿地战略

中国是一个发展中的大国,人均耕地少,粮食安全一直是国家安全的核心。湿地是重要的土地资源,不可盲目开发,但绝对保护也不可取,科学的对策是将湿地

湿地与人类

合理地保护、利用、恢复与建设有机结合,形成有中国特色的湿地战略。

(1) 大力保护湿地

我国已有21块湿地列入国际重要湿地名录,第三批湿地名录正在争取中,以使具有自然遗产价值的湿地得到有效的长期保护。同时,我国有大批不同级别的自然保护区,很多都是湿地生态系统,应统筹规划,使它们得到有效保护。特别是要严格贯彻有关法律、法规,严禁淡水湿地垦荒、捕杀珍稀野生动物等。

(2) 积极恢复重要湿地的生态环境功能

我国湿地中,河流和湖泊湿地的生态退化现象特别严重,几乎所有的大河、大湖都受到不同程度的污染和淤积,洞庭湖等长江中下游湖泊尤为严重,目前正在大力整治中,全面恢复其生态功能任重而道远。东北地区水体污染由河道进入水库,威胁饮水质量,必须大力整治。三江平原、若尔盖高原、青藏江河源是我国目前最大的三块草本自然淡水湿地,在世界上具有鲜明的特色,但湿地荒漠化都很严重,值得重视。

(3) 合理整治开发湿地,建设人与自然和谐的生存环境

为了社会的文明进步,人类一直在利用自然资源,改造自然环境,对于湿地也是如此。湿地上的水田,河流上的城市,以及大量人工湿地和人文景观,如我国的

苏州园林湿地等，都是杰出的人工创造。何况有些退化湿地系统根本没必要甚至也不可能原样恢复。如松嫩平原西部古河道区分布着大量退化的盐碱湿地，重新全面恢复成淡水湿地是不可能的，但建设成水稻基地，既可获得商品粮，又可形成大片具有良好生态效益的人工湿地。因此，在恢复生态学的基础上，笔者等近年提出了建设生态学的新概念。合理地保护、利用、恢复与建设湿地，不仅符合我国国情，也符合科学的发展观，只要遵循这一辩证思维，就有利于建设人与自然和谐的社会。

冰川、气候与水资源变化问题

施雅风

一、冰　川
二、气候与环境的变化
三、未来情景的预估

【作者简介】施雅风,地理学家、冰川学家。江苏海门人。1942年毕业于浙江大学史地系。1944年获浙江大学研究院硕士学位。中国科学院兰州冰川冻土研究所名誉所长、研究员,南京地理与湖泊研究所研究员。中国冰川学研究的开拓者之一。直接考察并领导编著了有关祁连山、天山、喜马拉雅山和喀喇昆仑山的冰川考察报告,主编了关于中国现代冰川与第四纪冰川综合性专著,奠定了中国冰川学基础。与合作者将中国冰川划分为极大陆性、亚大陆性和海洋性三类。在预报喀喇昆仑山巴托拉冰川的变化基础上,确定了中巴公路的通过方案。

最先指出中国西部山区小冰期、末次冰期与最大冰期的遗迹和特征。20世纪80年代同合作者共同提出了庐山等中国东部中低山地不存在第四纪冰川和中国全新世大暖期气候与环境特征以及21世纪亚洲中部气候暖干化、21世纪可能趋于暖湿的意见。1980年当选为中国科学院学部委员（今称院士）。

冰川、气候与水资源变化问题

一、冰 川

什么叫冰川？冰川是寒冷地区多年积雪积累变质成冰，在重力作用下运动至平衡线或者叫雪线以下而形成的，它会逐渐消融成水，注入河流。

从图1可以看到昆仑山新青峰冰川上冰雪的面积很大，下面有一个伸出去的深沟，平衡线是在冰川搭界的地方。图2是很有名的祁连山"七一"冰川，这些冰川退缩得很厉害。做了这么多年的工作以后，现在中国到底有多少冰川？如今终于有详细的统计数据了。我们运

▲图1 昆仑山新青峰冰川

151

▲ 图2　祁连山"七一"冰川

用航空图片，运用详细的地形图，一条一条统计，一条一条分析，据最新完成的中国冰川目录统计，我国共有冰川46377条，总面积59425平方千米，总体积5600立方千米。其中，面积大于100平方千米的大冰川有33座，小于1平方千米的小冰川有34700座。估算年平均融水量为616亿立方米。因全球变暖，冰川在萎缩，融水在增加，实际上现在冰川的数据已经比这个小了。我国的冰川分布于西部六省区（西藏、新疆、青海、甘肃、四川和云南）的14个山系，如昆仑山、念青唐古拉山、天山、喜马拉雅山、喀喇昆仑山。

冰川、气候与水资源变化问题

冰川不是中国孤立的现象而是世界性的,特别是在高纬度地区,南北极地区冰川数量多,全球冰川与冰盖的总面积是1600多万平方千米,最大的是南极冰盖,有接近1400万平方千米,格陵兰冰盖有180万平方千米,中国只有6万平方千米,亚洲的冰川面积接近10.9万平方千米。中国冰川在世界的中低纬度是最大的,但是冰川主要在两极地区。有那么多冰川,我们怎么认识它们呢?从1964年到现在我们把冰川大概分成三类:一类是海洋性冰川,这类冰川主要在青藏高原的东南部,就是喜马拉雅山的东段、念青唐古拉山、横断山系,这个地方冰川的降水量比较多,平衡线的年降水量是1000~3000毫米,平衡线的温度夏季在1~5℃,真正的冰温大概是0~1℃。这一类冰川变化得比较快,敏感性很高,这种冰川大概占中国冰川面积的22%。第二类冰川叫亚大陆型或者叫亚极地型,主要分布在青藏高原的东北部和高原的南面,就是喜马拉雅山的北部,还有天山、阿尔泰山,平衡线的年降水量是500~1000毫米,平均温度是-6~-12℃,冰温是-1~-10℃,流速中等,敏感性中等,面积最大,占中国冰川总面积的46%左右。还有一种是极大陆型冰川,主要分布在青藏高原的中部、西部和西北部,平衡线的年降水量只有200~500毫米,平均温度低于-10℃,冰温很低,冰流迟缓,敏感性低,占中国总冰川面积的32%左右。

二、气候与环境的变化

我们常听到"冰期间冰期"的说法,地球上曾出现过多次冰期间冰期,今天我们讲最后一次冰期,时间大概在1.6万～2.5万年以前,那时的中国冰川面积大概是现在冰川面积的8.4倍。当时青藏高原没有形成冰盖,只是分散的山地冰川,当时的青藏高原温度比现在低6～9℃,降水量比现在少,只有现在的30%～70%,这是中国的情况。世界的情况是,那时,在欧洲的北部、北亚西部,还有北美洲的北部出现了大冰盖,全球冰川面积要占陆地总面积的30%。现在冰川面积只占陆地总面积的11%。因为那个时候的冰盖范围大,海洋的水汽很多都跑到冰盖上去了,所以海平面比现在要低,亚洲东面的海平面比现在要下降100～150米。现在我们看到的黄海、渤海在当时完全没有,东海、台湾海峡当时也没有,海南岛也与大陆连接在一起,当时的长江口要往东伸出去600千米。现在的间冰期大概开始于1万年前,从1.6万年前到1万年前是过渡时期。1万年以前气候开始变暖,6000年前温度比现在还高,大概高2～3℃,现在的气候温暖湿润,降雨多一点。后来慢慢变冷,到15～19世纪这个阶段进入小冰期,冰川扩展,温度比现在低1～2℃。20世纪又开始变暖了。那么这里就有一个问题:今后气候向何处去?是继续长期变暖还是会变

冰川、气候与水资源变化问题

冷？历史上出现过十几次冰期间冰期，将来冰期还会不会来？现在的概念就是最近若干时间都是变暖的，但是变暖到了相当程度以后，根据地球的轨道变化和其他因素可能还要出现冰期，可是这个时间是几百年以后还是几万年以后？现在还说不清楚。这里要说一个全球当前关心的问题，就是全球气候变暖的问题。

图3上的曲线是北半球1000年以来温度的变化趋势，可以看到，最后一段20世纪的温度是上升的，而且温

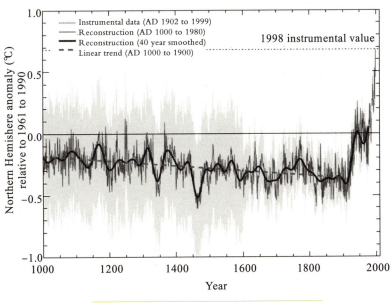

▲图3　近1000年来北半球温度变化图

度变化超出了以前的时间度,近140年全球平均温度升高了0.6度,主要集中在北纬40~70度,特别是近二三十年的升温比较快,现在认为主要的原因就是二氧化碳、甲烷等温室气体增加,改变了地球上的辐射情况,使得温度升高了。

图4是近140年全球平均气温的变化曲线,比图3详细。全球变暖带来了一系列的问题。比如说对水资源的影响:气候是变干了还是变湿了?水是变多了还是变

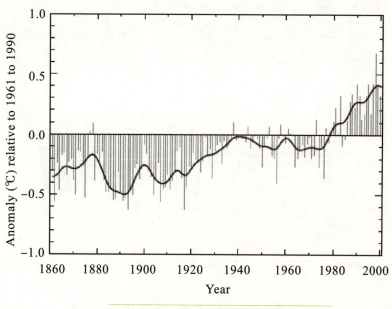

▲ 图4 近140年全球平均温度变化图

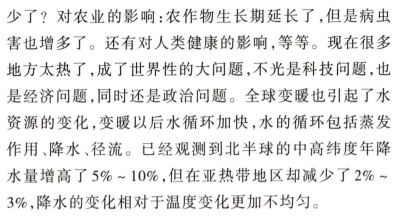

冰川、气候与水资源变化问题

少了？对农业的影响：农作物生长期延长了，但是病虫害也增多了。还有对人类健康的影响，等等。现在很多地方太热了，成了世界性的大问题，不光是科技问题，也是经济问题，同时还是政治问题。全球变暖也引起了水资源的变化，变暖以后水循环加快，水的循环包括蒸发作用、降水、径流。已经观测到北半球的中高纬度年降水量增高了5%~10%，但在亚热带地区却减少了2%~3%，降水的变化相对于温度变化更加不均匀。

图5表示的是水循环加快的情况，当温室气体加倍的时候，大气中水汽显著增加了15%，相对湿度没有改变，海洋向陆地水汽输送量要增加11%，陆地上的蒸发量要增加5%，陆地上的降水量要增加8.5%，陆地流向海洋的水量增加10%，这个变化在各个地方不一样，这只是全球性平均变化。现在国际上有一个组织，就是各个国家之间的气候变化委员会（IPCC），它每隔几年发一次气候变化研究的评估报告。比如我国青藏高原和西北地区，总的来讲，这些地方近120年来平均温度升高了1.2℃，这比全球的平均变化高了一倍，但是在总的升温趋势下还有一个小带是在降温的。

图6(a)曲线代表中国东部的温度变化，(b)曲线代表中国西部的温度变化。西部有一块降温的地区，一个测量是在青海的青藏公路以西马兰山的冰芯，20世纪80年代的温度下降了0.6℃左右。第二个测量是在昆仑山

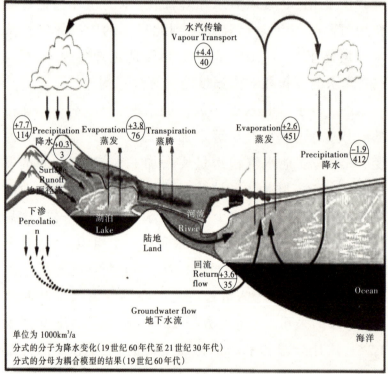

▲ 图5 全球水分循环加快

Temperature variation during 1880—2000 in China(Wang Shaowu, 2000)

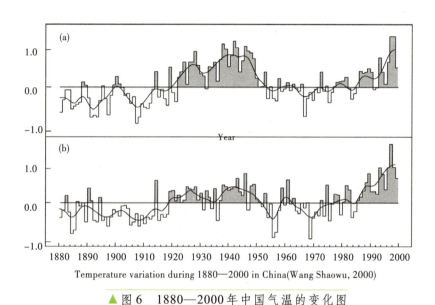

▲图 6　1880—2000 年中国气温的变化图

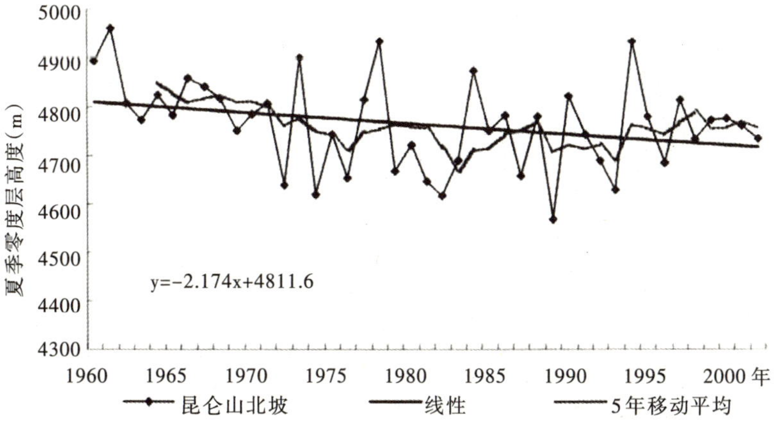

▲图 7　昆仑山北坡夏季 0℃层高度变化探空记录

北坡的探空资料测得的零度层的高度显著下降了。

从图8可以看出,从20世纪70年代到80年代,再到90年代初,温度一直是下降的。

下面讲降水量的变化。中国西部大部分地区的降水量是增加的,特别是以新疆为代表的西北的西部,降水量增加了18%。大概在新疆还有河西的西段,冰川融水也是明显增加的,我们称这样的变化为气候从暖干向暖湿转移。西北的东部、黄河上游与西藏阿里地区降水量和径流量是减少的。

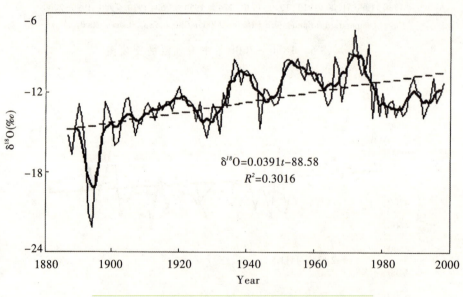

▲图8 马兰冰芯$\delta^{18}O$记录指示的近20年降温图

冰川、气候与水资源变化问题

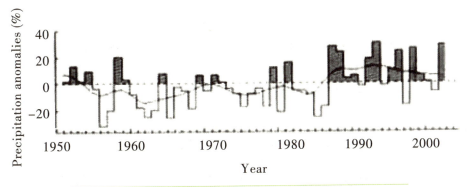

▲图9 西北的西部（主要是新疆地区）的降水变化趋势图

图9是西北的西部降水变化趋势图，可以看出，西北的西部从1987年开始降水量逐渐升高。

我们来看冰川对气候变化的响应。自小冰期以来温度比现在低1～2℃，小冰期的冰川面积比现在要大20%左右，青藏高原的西部温度最低、最干的地方冰川退缩的面积比较小，只退缩了5%～6%，亚大陆型的冰川退缩了15%。从最近几十年来看，从1950年到1970年，后退的冰川占50%，前进的有34%，稳定的有16%。20世纪80年代到90年代后退的在80%以上。现在基本上绝大部分冰川都在后退，粗略估计在过去的40年，冰川面积减少了4.5%左右。冰川也是一种水资源，我这里只讲与冰川有关系的水资源的变化。现在有一种说法认为冰川后退了，水资源因此而减少了。这种说法不准

确,因为冰川退缩吐出的水量补充到了河流里面。我们有详细研究的是乌鲁木齐河源1号冰川,如图10:

1958—1985年间其融水的平均径流深508.5毫米,至1985—2001年,增加到936.6毫米(增加84.2%);同时期1962—2001年,冰川面积减少0.24平方千米,冰川变薄11.2米,冰川变薄是径流深增加的主要原因。塔里木河流域冰川面积23629平方千米,冰储量2669.44平方千米,据水文资料统计,1960—1995年间,融水量增加10.9%。西北西部(新疆、祁连山中西段、柴达木盆地东南侧)河川径流量显著增加,洪水增多,湖泊水位上升,

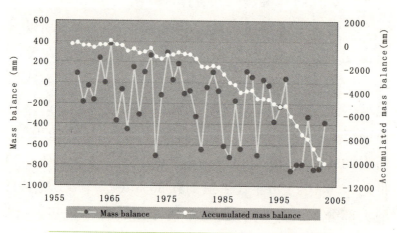

▲图10 乌鲁木齐河源1号冰川物质平衡变化图

冰川、气候与水资源变化问题

湖面扩大。1987—2000 年与 1956—1986 年比较,天山南坡河川径流增加 20%～40%,天山北坡、阿尔泰、帕米尔增加 5%～15%,党河增加 24%,疏勒河增加 9.3%,黑河增加 6.8%,青海格尔木河增加 6.6%,察汉乌苏河增加 26.1%。1987—2000 年新疆出山口水资源比 1956—1986 年增加了 7%。这就是水循环加快以后它的降水和冰川消融增加的结果。

图 11 表示的是天山库马力克河(塔里木河上游主流)径流量变化趋势图,这条河大,径流量最多,径流量显示出增加的趋势,这个增加可能主要是由于冰川消融量的增加。

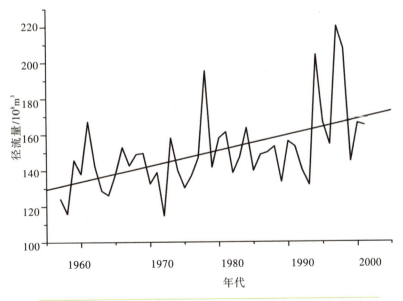

▲图 11　天山库马力克河(塔里木河上游主流)变化趋势图

163

图12中的曲线是祁连山北坡西段党河年平均流量增加情况。

图13中的曲线是青海昆仑山北坡察汉乌苏站年径流增加情况。

冰川消融量增加也使得湖泊水位上升，面积扩大。新疆天山地区的博斯腾湖、艾比湖、艾丁湖，祁连山区的哈拉湖、大小苏干湖在多年水位连续下降后呈现水位回升、湖泊扩大现象。其中，博斯腾湖最显著，如图14：

博斯腾湖从1955年有水文观测以来，水位一直在下降，原因是湖边垦荒多了，灌溉水量增大。但是到了

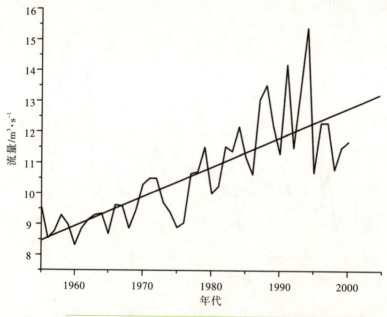

▲图12　祁连山北坡西段党河年平均流量变化过程

冰川、气候与水资源变化问题

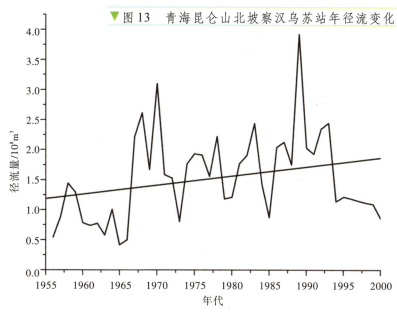

▼ 图13 青海昆仑山北坡察汉乌苏站年径流变化

▼ 图14 新疆天山中部博斯腾湖水位变化

1985年以后,湖水水位开始上升,一直到2002年,超过了20世纪50年代开始观测时的水位,这个很值得研究。图15是其他湖泊的水位变化趋势图:

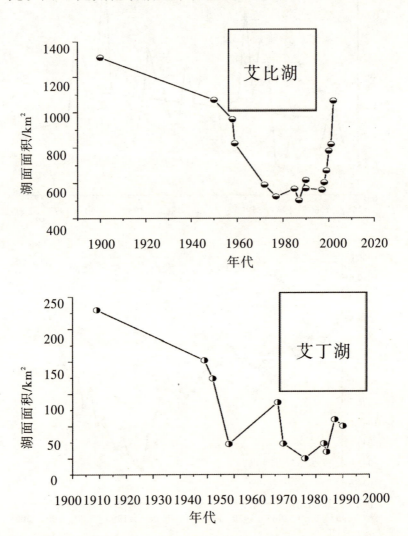

冰川、气候与水资源变化问题

续图

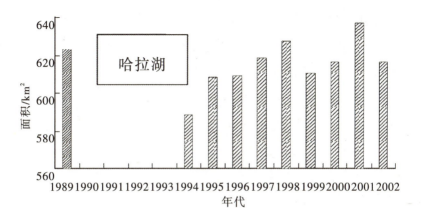

▲ 图15 西北典型湖泊变化

湖泊的变化是气候变化的一面镜子,水位的回升说明湖泊的输入量远远超过它的输出量,这是气候从暖干转向暖湿的最显著的标志。还有些湖泊输入水量不够,干掉了,像天山北坡玛纳斯湖、塔里木河尾闾罗布泊、台特马湖、黑河下游居延海都是因为灌溉截用了大量入湖径流而干涸了。近年洪水流量增多,上述湖泊有不稳定的复苏现象。西北气候由暖干向暖湿转型的范围和程度可以从气温、降水、冰川融水、地表径流、洪水、湖泊、植被和沙尘暴方面,划分为显著转型区、轻度转型区、未转型区共三个区域。

图16上方的一块叫显著转型区,中间一块是轻度转型区,下面一块是未转型区,就是西北的东部,包括陕西、宁夏、甘肃、青海的东部地区。那么现在的问题是这

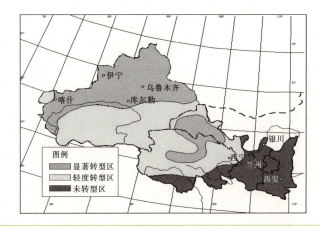

▲图16 西北气候从暖干向暖湿转型范围和程度示意图

个转型是不是稳定的?会不会是年代际变化?如果是的话就有可能在几十年后又转回去了。又会不会是世纪型变化?若是,那么它在百年之内就不会转回去,而且有可能扩大到西北的东部以至华北。这需要看气候变化,短期内还不能下结论。

三、未来情景的预估

不能讲预测,只是预先估计一下。未来气候情景预估是很复杂而困难的问题,有较大的不确定性。现在的气候预估主要考虑温室气体增加,IPCC2001年的报告引用20多个先进的全球气候模式,预估21世纪全球平均气温上升1.4~5.8℃,海平面上升0.1~0.9米,这将是过去1万年来温度上升最快的时期。秦大河组织国内气候变化研究者预估,到2050年,西北地区气温可能上升1.9~2.3℃,青藏高原的气温上升2.2~2.6℃,并预估在二氧化碳增加到1750年的2倍时,西北气候变暖2.0℃,西藏变暖2.3℃;西北地区降水增加19%,其中,甘肃降水增加23%,西藏降水增加18%。全球变暖,各个季度不一样,冬季升温大,夏季升温小。这个问题关系到冰川消融的强度,冰川消融强度主要取决于夏季温度,预估到2050年,青藏高原夏季升温1.4℃。其中,海洋性冰川区升温1.0℃左右,极大陆型冰川区升温2.0℃左右,平

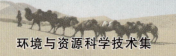

衡线上升140~240米不等。这是温度升高的预估。

　　降水增加对冰川也有影响，总的来说，降水增加有利于冰川积累增加，冰流速加快，冰川萎缩变慢，但还没有定量研究成果。小于2平方千米的小冰川，冰面完全裸露，预期21世纪初期出现融水高峰，中期基本消失。5~30平方千米的中等冰川，预期本世纪中期出现融水高峰，以后减少。面积超过100平方千米的大冰川，冰舌均有厚表碛覆盖，抑制消融，预期本世纪融水将一直增长。总体上，预估2050年前冰川变薄后退，有利于径流增加，而不是像某些观点所说："喜马拉雅冰川退缩将导致水资源危机"。这几十年不会出现危机，因为冰川融水增加，降水量也会增加。特别是塔里木河流域，冰川数量与大冰川最多，本世纪中期融水增加50%以上，最有利于地区经济发展和人民生活改善，对其他包括青藏高原、柴达木盆地、河西等地区都是有利的。全球变暖，水循环将加快。如果未来降水量增加趋势实现，结合冰川融水增加，则西北和青藏高原径流量或地表水资源量也存在增加趋势，西北东部与黄河源区已持续多年的干旱现象将会得到缓解，该地区将会转入多雨的丰水期。这一带包括青海湖水位在下降，甘肃东部、陕西、宁夏这些地区处于降水和径流的枯水期，这个转变是一定会发生的，但现在还不能确切预估转向湿润的具体年份。

　　降水增加，冰川融水加大，也会导致暴雨、洪水、滑

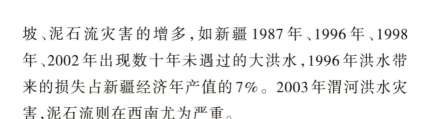

冰川、气候与水资源变化问题

坡、泥石流灾害的增多,如新疆1987年、1996年、1998年、2002年出现数十年未遇过的大洪水,1996年洪水带来的损失占新疆经济年产值的7%。2003年渭河洪水灾害,泥石流则在西南尤为严重。

　　刚才讲的是对西北干旱区发展趋势的比较乐观的预估,但是西北和青藏高原西北部深处内陆,远离海洋水汽源地,远道输送来的水汽不会很多,加之人类长期过度开发水源,破坏植被,减少土壤水分,严格限制了当地蒸发补充空中水汽,间接限制了降水量增加的概率。因此,不能奢望未来降水增大的作用。为了缩小对未来推测的不确定性,必须增加观测点——我们现在的观测点太少了——加强对冰川、气候与水资源变化影响的监测和综合研究。

念青唐古拉山 纳木错

西部生态圈

张新时

一、地球生态圈和我国西部生态圈的
　　基本规律
二、西北的荒漠生态圈
三、西北的草原生态圈
四、西北的农牧交错带

【作者简介】张新时,生态学家。1934年6月出生,原籍山东高唐,生于河南开封。1955年毕业于北京林学院森林系,1985年获美国康乃尔大学博士学位。中国科学院植物研究所研究员、前所长。长期从事植被生态学研究:(1)提出了我国荒漠区植被地带性分布规律;(2)提出了关于青藏高原植被的"高原地带性"与高原对中国植被地带分布作用的重要论点;(3)提出了较完善的、规律性的中国山地植被垂直带系统与类型;(4)发展了群落生态分析系统并提出了信息生态学的概念与结构,有助于现代生态学的发展;(5)采用信息科学先进手段与理论使中国"气候—植被关系"与全球生态学的研究达到国际较先进的水平。

1991年当选为中国科学院学部委员(现称院士)。

西部生态圈

因为西部范围很大,有西北、西南,有青藏高原,本文只谈西北的问题。"生态圈"这个词也许大家有点生疏,实际上"生态圈"与我们日常所说的生物圈是同义词,我们一般搞生态学的比较喜欢用"生态圈"这个词,它可以是不同尺度的,可以指地球表面上任何一个特定的部分。而"生物圈"一般是用在地球系统这个宏观的尺度,它是整体的。在一部分地表上的生命有机体构成的生态系统和环境资源的总体,就叫生态圈。所以,我们这个报告以"西北生态圈"来命名,就是要汇报生态圈在我们国家干旱的西北部的分布规律,它的类型和生态建设的战略定位,以及它的保育和可持续发展策略,这跟西部大开发有密切的关系。西部以生态为优先,所以这个问题大家可能比较关心。

一、地球生态圈和我国西部生态圈的基本规律

图1是一个世界的生态构造模式图,这个球形的东西两部分表示着我们的旧大陆,也就是欧亚非大陆这样一个生态模式。在欧亚非大陆中部有一个斜的干旱地带,它的两边向湿润地带过渡就是半干旱地带,然后这两头是湿润地带。大家可以看到,这个干旱地带并不是平行于赤道带的,而是成一个大概是30度的斜度,从西

南向东北延伸。这样一个干旱地带的形成,使得欧亚非大陆的整体植被和生态地带的分布形成了一个特殊的格局。

在实际分布中,刚才我所说的干旱带从西南向东北延伸,从撒哈拉、中近东,一直到我们国家的新疆、内蒙古和蒙古国这样分布上去。这样的一个分布规律的形成取决于气候,尤其是大气环流对植被的影响。

图2反映的是整个世界上的植被地带按照气候关系分布的规律。这个图的 X 轴表现的是一个湿度的梯度,从左边最干旱的荒漠、半荒漠、草原,到森林草原,一直到右边湿润的雨林;它的 Y 轴所表现的是一个热量的梯

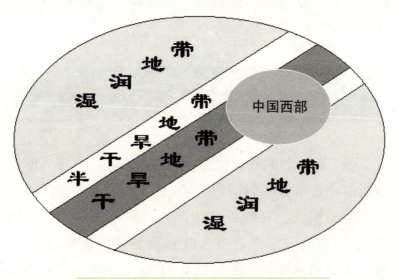

▲ 图1　世界生态构造模式(改自梅忠棹夫)

西部生态圈

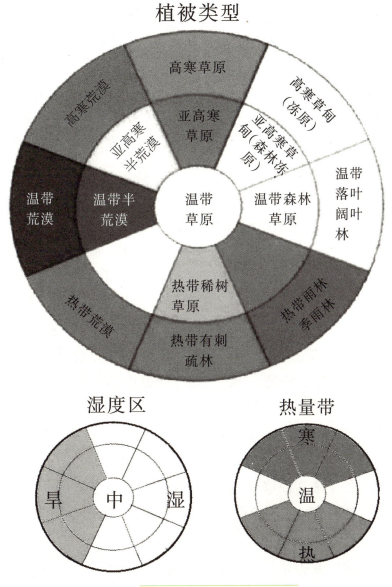

▲图2　全球植被地带系统

度,也就是从下方赤道带热的地方,到中间的温带,一直到上方的寒带或高山。这样的水分梯度和热量梯度就组合成了整个地球的生态系统或者植被的分布格局。我们今天要谈的西北部,就是草原和荒漠范围之内的部分。那么这个干旱地带为什么向东北斜上来,而不是平行于纬度的呢?为什么到了我们国家这个干旱地带就斜了上来呢?

在青藏高原没有隆起之前,它的大气环流,也就是西风带是平行于纬度走向的。在西风带控制之下的干旱地带也应该是平行于纬度的,大概是在北纬20~30度这个范围之内,形成了西风带控制的地球的干旱带。可是由于青藏高原隆起以后,引起了西风带的北移,就使这个干旱地带在中国内蒙古这一带就向北迁移了,所以就形成了现在这样一种情况。青藏高原有的地方变干了,有的地方变湿了,整个北半球也由于青藏高原的隆起而转向了寒冷。所以整个来说,青藏高原的隆起引起了北半球尤其是亚洲这部分的寒旱化,使这里又干、又寒。

在青藏高原隆起的地方,气候是相对稳定的。所以我国的西部,包括我们中国整个生态圈的形成,跟青藏高原隆起以后造成的气候变化是有关系的。青藏高原隆起以后就带来了我们整个东亚地区的"五化"。哪"五化"呢?第一第二就是刚才说的高寒化和寒漠化。由于

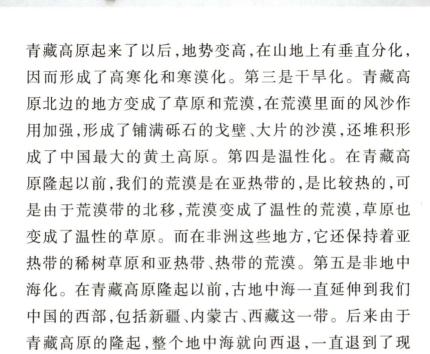

西部生态圈

青藏高原起来了以后,地势变高,在山地上有垂直分化,因而形成了高寒化和寒漠化。第三是干旱化。青藏高原北边的地方变成了草原和荒漠,在荒漠里面的风沙作用加强,形成了铺满砾石的戈壁、大片的沙漠,还堆积形成了中国最大的黄土高原。第四是温性化。在青藏高原隆起以前,我们的荒漠是在亚热带的,是比较热的,可是由于荒漠带的北移,荒漠变成了温性的荒漠,草原也变成了温性的草原。而在非洲这些地方,它还保持着亚热带的稀树草原和亚热带、热带的荒漠。第五是非地中海化。在青藏高原隆起以前,古地中海一直延伸到我们中国的西部,包括新疆、内蒙古、西藏这一带。后来由于青藏高原的隆起,整个地中海就向西退,一直退到了现在欧洲南边的部分。地中海的气候的特点是冬天温暖、湿润、多雨,夏天干热;而东亚这边蒙古的典型气候是夏天干而有雨,冬天和春天又干又冷。所以非地中海化对我们这个地方的影响也很大。由此可见青藏高原隆起以后对我们中国尤其是西部造成了很大的影响,这是一个重要的历史地理的背景。

我们所说的广义的"西部生态圈",大概包括这样几个部分:在西北部,一是荒漠生态圈,就是新疆和河西走廊和阿拉善这一带。还包括北方的大草原这个生态圈,也就是以内蒙古为主的草原地带。三是草原跟农区交界的农牧交错带,即内蒙古高原东南一带的山地,包括

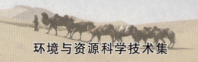

黄土高原和鄂尔多斯。这些都属于西北生态圈部分,而黄土高原本身又是一个特殊的生态圈。就西南部而言,它包括西南部亚热带的常绿阔叶林,像长江的中上游、西南的喀斯特地质地貌地带。第三个就是青藏高原生态圈。我在此给大家重点介绍的是西北的荒漠和草原,也谈一谈农牧交错带的问题。刚才已经讲到了,亚洲和非洲干旱地带的形成和它向东北30度的倾斜,实际上是在地球西风急流带的高压控制下的。由于西风急流带受到青藏高原的隆起,同时在北美科罗拉多隆起,引起了整个地球的寒旱化。于是,古地中海向西撤退、西风急流北移和西北反气旋高压中心,共同形成了控制荒漠气候的这样一个高压中心,也就是我们所说的蒙古—西伯利亚反气旋,在这个反高压气旋的影响下,这一带就形成了温带的荒漠,而在荒漠的边缘就形成了草原和黄土高原。

图3是一个中国现代的植被格局图。我们的西北生态圈有两个主要的植被带:一个是从新疆到内蒙古,包括河西、柴达木这一带的荒漠地带,另一个是从甘肃、陕西、陕北一直到内蒙古和东北西部的草原地带。而在草原和森林交界的地方,形成了一个特殊的过渡带,就是农牧交错带。黄土高原处在草原和农牧交错带的位置上。

西部生态圈

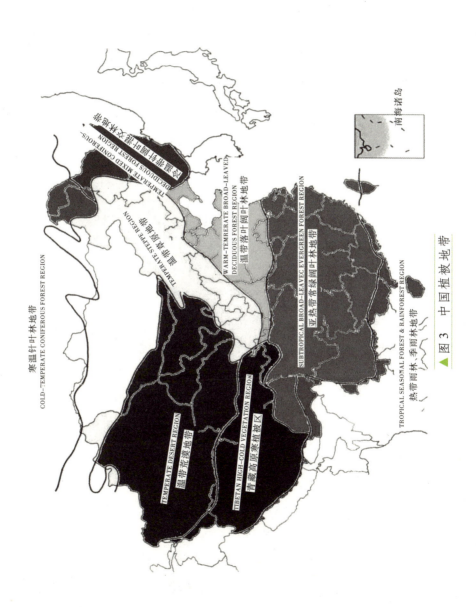

▲ 图 3 中国植被地带

183

二、西北的荒漠生态圈

西北的荒漠生态圈大致可分为几个部分。一个是西北的山地和几个大盆地。这里的山地对西北地区的荒漠来说是一个水塔,是主要的水源地。另外,由于它的生物基因、生物多样性比较丰富,所以它还是一个很珍贵的生物基因库。山地的森林草地有水源涵养、水土保持、气候调剂的作用。那么,目前这个地带在生态上面临的关键问题是什么呢?首要一个是畜牧业的转移问题,转移畜牧业是生态方面最大的一个举措。而我们知道,干旱地区的农业主要是靠绿洲的农业,所以这里在生态上面临的第二个问题就是绿洲农业结构的调整问题。另外还有绿洲下部的扇缘带,它的新产业带的形成问题以及在这个地区有关生态建设的问题。

西北荒漠生态圈的一个重要部分是新疆北部的沙漠,它的生物多样性非常特殊,对它的保育目前提到了一个非常重要的地位。塔里木河退化得很厉害,它的下游断流很久了。罗布泊早就干涸了,它下游的台特马湖也干了。也有人谈到罗布泊是不是要恢复的问题,艾比湖的前景问题,像这些都是我们要面临的干旱地区比较严峻的生态问题。

图4是西北荒漠生态圈里面的一个特殊结构,叫做山盆系统,全称是"山地—盆地系统"。前面说过,西北

多高山,有北边的阿尔泰山,中间的天山,延伸出祁连山,南边有昆仑山、阿尔金山,这些山都从青藏高原延伸

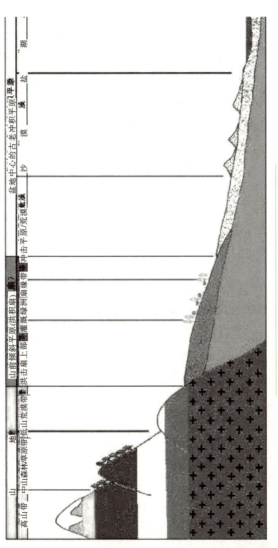

▲图 4　山地—绿洲—荒漠景观示意图

出来。而在这些山地之间,夹着几个盆地,大盆地有准噶尔盆地、塔里木盆地、柴达木盆地,还有河西走廊。山地和盆地在生态上连成了一个关系非常密切的整体,相互关系非常重要,所以荒漠地区的山盆系统是生态建设的一个最重要的背景和对象。大概可以把山地分成高山、中山和低山的荒漠,在山地和盆地之间有个洪积—冲积扇,由洪水和河流的冲积而成,其中部就是绿洲的所在地,是非常关键的一个地方。虽然绿洲的面积很小,大概占荒漠地区面积的百分之十不到,也就百分之五六的样子,但是在西北荒漠生态圈里,人类真正就集中居住生活在这百分之五六的面积上,农作物的生长就集中在这一块。图上右边部分就是荒漠盆地,在这上面有沙丘,有戈壁,有盐湖。山盆系统一般分三大部分:第一大部分是山地层,它大概可以分高山、山地森林和低山。第二大部分是山前的一些洪积扇,这里有砾石戈壁带,有绿洲带,有处于洪积扇边缘的、地下水位比较高的、盐渍化比较严重的扇缘灌草带,还有古老冲积平原的壤土荒漠平原带、沙漠带和湖泊,就是荒漠盆地。

  图5就是表现刚才说的山盆系统。最外面的是边缘山地,你可以把它看做天山、昆仑山、阿尔泰山这些山脉,它们环绕着荒漠盆地。在山地和冲积平原的边缘,就是洪水和河流冲击的这个倾斜的平原——洪积——冲积扇。古老的绿洲大概就是在洪积扇的中间部位。

西部生态圈

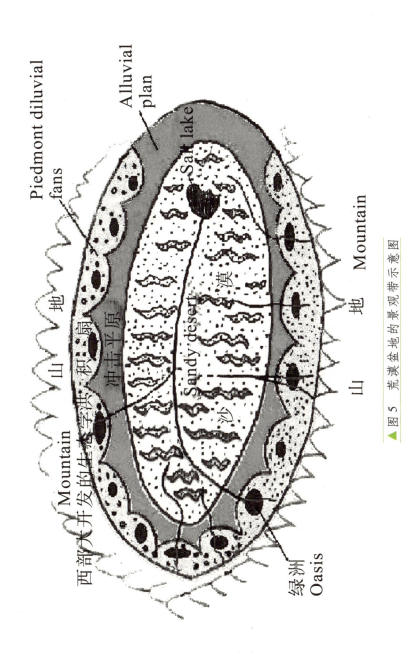

▲图5 荒漠盆地的景观带示意图

然后就是冲积平原,一般来说,它的核心部分都是沙漠和盐湖。这就是山盆系统的一个基本的景观。我们整个西北的生态大背景就是这个系统。

为什么洪积扇那么重要呢?因为过去的洪水冲积出来的时候,它的砾石和土壤就在这里堆积了,越细的土被河流和洪水带得越远,所以在下部都是非常细的土,而砾石和石头都是堆在上边,所以就形成了倾斜的、出山口处高、末端低的这样一个洪积扇,像扇子一样。在细土堆积的部位,它的土是中等细的壤土,地下水的深度也比较合适,没有发生盐渍化,土层也比较深厚,所以历来是古老的绿洲,几千年的开垦都在这个地带。那么为什么在底下的荒漠平原也出现了一些绿洲呢?这是当初生产建设兵团开发新疆的时候,他们不能在传统的绿洲地带跟老乡争地,所以他们就到了地势平坦,但是盐渍化很重,而且缺水的冲积平原上,在这里开辟了新的绿洲。他们从山地开渠道,把水引下来,灌溉排水,从而形成了新的绿洲。所以这一部分现在也是绿洲地带,跟上面所说的古老绿洲有所区别。现在这一部分新开辟的绿洲都连接成片了。

特别请大家注意这个扇缘带。就天然的扇缘带来说,在洪积扇的边缘,地下水在这个地方比较近地表,大概就是一两米,甚至很多地方潜水溢了出来。这个地方由于地下水蒸发的关系形成了盐渍化,所以分布着天然的盐生灌木和草甸。在这个地方开发土地以后很快就会再度盐渍化,很快就会被弃耕。现在这个扇缘带大部分都被开垦了,经过排水、灌溉,形成农田,但是即使这样,盐渍化的潜势在这儿还是非常严重。对于新的绿洲来说,由于它的边缘也形成了人工的扇缘带,也是盐渍化的扇缘带,所以在老绿洲的边缘和新绿洲的边缘都有大面积的盐渍化潜在发生,有些地方已经非常严重了。怎样解决盐渍化问题?这是我们在生态建设上的一个重点。

上面讲了山盆系统,它的简称就是MODS(山地、绿洲、荒漠系统)不同的地段,功能是不一样的。绿洲是以农业为主的,扇缘带,可以发展草地,荒漠将来应该是以保育为主,山地是以水源涵养为主的。

荒漠地带的山地,作用非常大。它上面有高山的冰雪带,在四五千米以上,这些冰雪带在夏季有一部分融化和山地的降雨一起形成了盆地的主要水源。山上还有非常漂亮的高山草地,鲜花盛开、绿草如茵,有山地森林,有山地草原带和低山荒漠带,这些地方历来都是畜牧业放牧的地方。山地的休闲和旅游的功能,在近年来得到了很大的重视,因为山地的景色十分优美,类似于欧洲阿尔卑斯山的风光。当然,我们只有把山地的生态环境保护好了,才能够吸引人去那里休闲、旅游。

现实的情况是,这里的生态环境问题比较严重。由于全球气候变暖,雪线上升,冰川萎缩,高山的冰川现在面临着消融的威胁。据估计,到2030年它大概萎缩15%,2050年萎缩40%,到2100年就萎缩80%~100%,就是说到21世纪末的时候,冰川就消亡了。这个威胁是非常大的,因为新疆的绿洲和荒漠地带完全靠冰川融水和山地降水。最近施雅风先生提出西北有暖湿化的倾向,就是山地雨水可能增多。如果是这样一个趋势,那么对于我们西北地区来说是个好的消息。不过这个假说还有待验证,还不敢说一定就是这样。至于山地森林带,大家不要认为现在森林好像挺茂密,实际上你进到林子里面一看,这些树也就不过10米高,只有一个碗口那么粗。这些树都是被砍伐以后在这四五十年间种植起来的。所以它的水源涵养的作用远远没有达到原来没有被破坏时的作用。像这种森林,大概还要过150年才能真正地长成,也就是说,这部分森林只有在150年以后,不被破坏,不被砍伐,才能恢复它的山地水土涵养和水土保持的作用。

现在新疆的整个草地,80%~90%都是退化的,都是牲畜过载、负担过大。所以山地作为牧场发展畜牧业的功能已经超饱和了,已经没有发展的余地了,对它来说是怎么样减轻它的负担,让它能够恢复它的生产力,恢复它的水土保持的功能的问题。但是,新疆现在像这些地区,70%以上的牲畜还在山地上放,也就是说还有

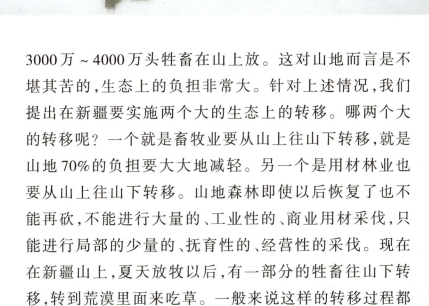

西部生态圈

3000万~4000万头牲畜在山上放。这对山地而言是不堪其苦的,生态上的负担非常大。针对上述情况,我们提出在新疆要实施两个大的生态上的转移。哪两个大的转移呢?一个就是畜牧业要从山上往山下转移,就是山地70%的负担要大大地减轻。另一个是用材林业也要从山上往山下转移。山地森林即使以后恢复了也不能再砍,不能进行大量的、工业性的、商业用材采伐,只能进行局部的少量的、抚育性的、经营性的采伐。现在在新疆山上,夏天放牧以后,有一部分的牲畜往山下转移,转到荒漠里面来吃草。一般来说这样的转移过程都得一两个星期,甚至更长的时间,它的行程可以达到一两百千米。这样,在秋天养的膘,经过这一两百千米的跋涉以后,相当一部分都丧失掉了。然后到平原里来,在冬天也没有什么好草吃,于是这些羊就掉膘掉下去了。然后等到明年夏天,再让它肥起来。所以就是这样一种消耗性的循环过程,夏天吃饱了,秋天、冬天再把它消耗掉。这种落后的、传统的游牧生产方式对生态的破坏很大,经济发展的速度却很低。

下面我们来谈谈荒漠带的绿洲。到过新疆的人都有非常深的印象。新疆虽然是那么一个干旱地带,在绿洲里却完全是另外一个绿色世界,植被非常丰茂,水分充足,阳光非常好,瓜果非常甜,比如葡萄,粮食生产也很好。但是绿洲面积也就是5%~6%,因为绿洲是要靠灌溉水来支持的,没有那么多水可以再支持扩大绿洲。所以对这部分绿洲,它的农业结构的调整问题就是个关键。因为绿洲对荒漠地区来说,它是人居住集中的地方,是经济、文化、交通的中心,就集中在这5%~6%的土地上。关于绿洲怎么样合理地调整农业结构的问题,我们不作太多的叙述。

先讲讲新疆棉花生产的问题。国家的棉区现在大部分转到了新疆,新疆的棉花生产比较好,在能够种棉花的绿洲,70%~80%的土地都是种棉花,而且是多年地、连续地种,造成了土地的退化,病虫害也很严重。再加上棉花的市场国际上控制得很强,有的时候棉花一下子就卖不出去了,那就对经济造成了很大的伤害。所以这种单一种植的模式恐怕应该改。

另外,在荒漠地带的绿洲必须有防护林系统,防止风沙的危害,可是近年来,防护林体系被破坏得比较多、比较严重,病虫害也比较严重。所以,绿洲的改革问题就被提到了日程上来。

绿洲的边缘就是扇缘带,就是指潜水、接近地表或者溢出地表的洪积扇边缘带,它是绿洲、荒漠之间的一个灌草过渡带,这里天然生长着一些比较耐盐渍化的灌木,像柽柳啊,芦苇、芨芨草、骆驼刺、甘草等植物。由于土地盐渍化,一般来说不宜耕作,可是这个地方可以建造人工草地,因为一些草耐盐碱性比农作物好,而且多

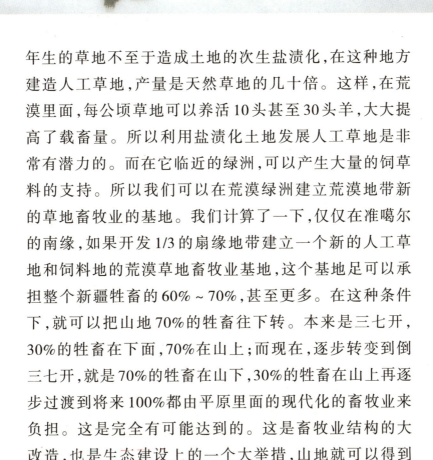

西部生态圈

年生的草地不至于造成土地的次生盐渍化,在这种地方建造人工草地,产量是天然草地的几十倍。这样,在荒漠里面,每公顷草地可以养活10头甚至30头羊,大大提高了载畜量。所以利用盐渍化土地发展人工草地是非常有潜力的。而在它临近的绿洲,可以产生大量的饲草料的支持。所以我们可以在荒漠绿洲建立荒漠地带新的草地畜牧业的基地。我们计算了一下,仅仅在准噶尔的南缘,如果开发1/3的扇缘地带建立一个新的人工草地和饲料地的荒漠草地畜牧业基地,这个基地足可以承担整个新疆牲畜的60%~70%,甚至更多。在这种条件下,就可以把山地70%的牲畜往下转。本来是三七开,30%的牲畜在下面,70%在山上;而现在,逐步转变到倒三七开,就是70%的牲畜在山下,30%的牲畜在山上再逐步过渡到将来100%都由平原里面的现代化的畜牧业来负担。这是完全有可能达到的。这是畜牧业结构的大改造,也是生态建设上的一个大举措,山地就可以得到休养生息,平原由于发展人工草地,对于荒漠的土地和扇缘的土地,也能保持它的肥力,防止风沙,所以不但有经济效应,还有重大的生态效应。这是在荒漠绿洲的一个重大的生态举措,应该说在整个荒漠地区都是有重要意义的。

在天山北麓,绿洲带和扇缘带基本上都接起来了,在这个中间有一些片段的、盐渍化的土地,有的虽然开

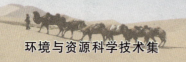

成耕地，但由于盐渍化而放弃了，这些地方地表的含盐量达到了6%～7%，所以它就完全撂荒了。现在地表好像下了雪一样，实际上都是一厚层的盐碱，根本不能种庄稼。

可是就在这样一个表层土壤含盐量达到6%～7%的地方，新疆石河子兵团农学院在这里种茇茇草。三年以后，茇茇草长起来了，由于减少了地表的蒸发，所以地面已经没有盐了，变成了非常好的土。而且茇茇草每年每亩地可以收割1吨的干草，其中一半是茇茇草的秆子，一半是草叶子。这个草秆子可用来做造纸的原料。是很好的造纸原料，它可以做字典纸，很薄的，很潮的，完全不用木材。这个茇茇草就是石河子造纸厂投资建立的，他们需要这个原料。而叶子可以做饲料，一亩地1吨的干草可以养1.4头羊。在这个地方，如果我们再种其他高产的草种，那么产量比这个还要高。将来豆科牧草等多年生牧草种下去以后土壤肥水会改善，这里的地下水比较浅，是含盐的，所以可以利用含盐的水来灌溉人工草地，水源比较有保障。因为很多牧草是耐盐性比较强的，比如茇茇草。

有多少绿洲面积可以开发成草地呢？我们初步计算，它的面积大概有2000多万亩，而且仅仅在盆地南缘。新疆草场60%在山区，负担着70%的牲畜，山地草场平均载畜量是0.8公顷/1头羊，也就是12亩地一头

西部生态圈

羊。在扇缘带要发展120万公顷的人工草地,每0.05公顷,也就是0.75亩大概可以饲养一头羊,这样就可以负担2000多万头羊,也就是全疆65%的牲畜,可以形成新的草地畜牧业产业带。这个仅仅是靠扇缘带本身的种草,不包括绿洲农田,要是再把绿洲的玉米、饲料地和秸秆加以转化,则可以饲养的羊的数量增加到4000万头。所以,扇缘带新畜牧业的建立可以使山地草场得到休养生息,使荒漠免于放牧,使新疆的生态环境得以改善。刚才说到30%的在平地的畜牧业主要还是靠荒漠放牧的,所以生产力非常低,而且对荒漠的破坏也非常严重。这个带建立起来以后,是农业结构的一个重大调整,也是生态建设上的一个重大举措。

这个做法在世界上有先例。像西欧的阿尔卑斯山在100多年前是主要的放牧基地,退化得非常厉害,森林被破坏。可是在20世纪的50、60年代,它的整个畜牧业就退出了,不放牧了,而是在平原农区种草、种饲料来发展现代化畜牧业。在20世纪60、70年代,那里的畜产品过剩了,因为它的生产力太高了。山地基本上不放牧了,个别农家有一两头牛在那里放,那是个别家庭的作业,至于产业化的作业则完全退出了。所以阿尔卑斯山的森林和草地得到了全面的恢复,它现在生态环境非常好,几乎没有一点退化的迹象。所以我想,在我们国家的天山、阿尔泰山,这种前景也应该是很好的。

因为山盆系统分山地、绿洲、荒漠三段。刚才谈的是山地和绿洲扇缘带，下面我想谈谈荒漠的保护问题。新疆的荒漠一般是指年降水量在250毫米以下，甚至可能不到10毫米的地方，比如南疆的一些地方。荒漠的植被是非常稀疏的，地表上有沙漠，有砾石的戈壁滩，甚至有石漠、盐土的荒漠。它的生产力很低，一般每公顷每年也就不超过0.5吨干的有机物质，甚至可能为零。可是尽管是这样低生产力的荒漠，条件这么恶劣，但是它过去还是放牧场，放牧的质量非常低，生产力非常低。可是荒漠开垦有很大的诱惑力，因为它地很平，有些地方土很厚，只要有水来就可以开垦，但是很容易发生盐渍化，风沙的危害也非常重。所以我们在这里提出保育荒漠的问题。尤其是北疆的准噶尔的荒漠，它的植被相对比较好，而且原来有大量的野生的荒漠动物，这种温带荒漠是羚羊、野驴、野马、野骆驼这些有蹄类食草动物的乐园，应该作为一个天然的养殖场和保护区恢复起来，发展生态旅游和生态狩猎。整个温带荒漠，像准噶尔，应该作为一个野生生物资源的保护区和基因库。

因为干旱区的生物资源是本世纪人类需要的食物、医药和工业原料的重要来源，在荒漠里面生物多样性是非常特殊的，它有其他地方所不具备的具有特殊基因的旱生植物和动物，这些特殊的基因，对于农业品种的转基因来说都是非常重要的资源，而且是一些重要的医药

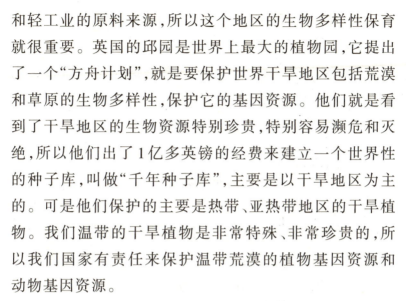

西部生态圈

和轻工业的原料来源，所以这个地区的生物多样性保育就很重要。英国的邱园是世界上最大的植物园，它提出了一个"方舟计划"，就是要保护世界干旱地区包括荒漠和草原的生物多样性，保护它的基因资源。他们就是看到了干旱地区的生物资源特别珍贵，特别容易濒危和灭绝，所以他们出了1亿多英镑的经费来建立一个世界性的种子库，叫做"千年种子库"，主要是以干旱地区为主的。可是他们保护的主要是热带、亚热带地区的干旱植物。我们温带的干旱植物是非常特殊、非常珍贵的，所以我们国家有责任来保护温带荒漠的植物基因资源和动物基因资源。

鹅喉羚（黄羊）在准噶尔荒漠里面是最普遍的，20世纪50年代有几十万头甚至上百万头的黄羊在准噶尔里面。可是在20世纪60年代，大量的鹅喉羚被杀，致使它的种群大大衰退。经过近20年的保护，现在鹅喉羚的种群在慢慢恢复。蒙古野驴在荒漠里面也相当多，但由于狩猎，它的数量也大大下降了，现在逐渐在恢复。普氏野马原来也生活在准噶尔荒漠草原地带，可是由于人的捕杀，在20世纪30年代已经完全绝灭了。赛加羚羊的角就是最灵效的羚羊角。因为这个原因赛加羚羊在20世纪50年代初期就已经在准噶尔灭迹了，因为这个地方的人们要捕杀它，要它的角，所以它就逃到哈萨克斯坦去了。那边的人不猎杀它，他们在荒漠里面给它喂盐、喂水。到了秋天,他们在盐水里掺入麻醉药把它们麻翻,然后把它们的角锯下来,给它们涂点药。等它们醒了以后就跑了。第二年长出角来再这样做。所以它们情愿到那边去,而不到我们这边来了。在冬天的时候盘羊也下到了准噶尔,一头盘羊的价格是6000美金。野骆驼原来也是在准噶尔、蒙古这一带的,现在都被人打怕了,跑到罗布泊那一带的荒原去了。

那么,这些野生动物的主宰是谁呢?就是狼。狼是调剂这个地方的生物的。尤其是羚羊,如果任它们大量繁殖起来的话,也能成灾,也能破坏草原和荒漠的植被。可是由于狼的存在,就把它们的数量一直压在一个合适的范围,使它们不至于大量破坏草原,所以就形成了一个控制得很好的草原生态系统。

怎样保护准噶尔荒漠里的野生动物资源呢?我们可以借鉴美国的经验。北美的大草原在200多年以前有6000万头美洲野牛,可是经过200年的美国西部开发的猎杀,每天平均要杀上千头野牛,6000万头野牛大概只剩了不到100头的样子。可是现在,美国大草原已经禁牧了,前十年野牛的数量已恢复到了25万头,而且形成了一个大的产业。因为野牛的肉的脂肪比家牛低得多,所以它的平均价值高得多,一头小野牛的价钱相当于四头良种家牛。美国的大草原现在又成为了野牛的家园。

再来讲讲准噶尔荒漠里野生植物的情况。准噶尔

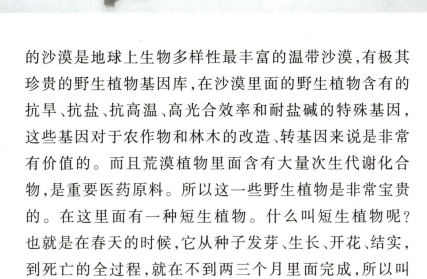

西部生态圈

的沙漠是地球上生物多样性最丰富的温带沙漠,有极其珍贵的野生植物基因库,在沙漠里面的野生植物含有的抗旱、抗盐、抗高温、高光合效率和耐盐碱的特殊基因,这些基因对于农作物和林木的改造、转基因来说是非常有价值的。而且荒漠植物里面含有大量次生代谢化合物,是重要医药原料。所以这一些野生植物是非常宝贵的。在这里面有一种短生植物。什么叫短生植物呢?也就是在春天的时候,它从种子发芽、生长、开花、结实,到死亡的全过程,就在不到两三个月里面完成,所以叫短生植物。它在夏季高温到来之前就完成了整个生长发育过程。这种短生植物有非常有价值的重要基因。比方说我们的粮食作物——小麦就是从中亚地区荒漠里面的短生植物里筛选出来的。有名的郁金香也是从中亚荒漠里面的短生植物里选出来的。大家知道,郁金香只在早春这个阶段有,一过了早春它就没有了。它这个习性一直保持到现在,它的起源地就是荒漠地区。

  准噶尔荒漠里面还有很多值得发掘的宝贵的东西,可是荒漠受到了很大的破坏,所以我们觉得应该把整个准噶尔荒漠作为一个保护区,作为野生植物和野生动物的家园,建立基因库,把它保护起来。这里的动植物一旦灭绝,将是中国和全世界的极大损失。

三、西北的草原生态圈

现在我转到我们西北生态圈的第二个大圈：草原生态圈。前几年出了一本热门的小说，叫《狼图腾》，我想很多人都看过，看过这本书的人对草原生态圈就比较容易理解。狼在草原里面处于一个顶尖的地位，保证这个生态圈有一个正常的秩序。《狼图腾》反映的是一个草原的过去的状态。当然，我们要让草原恢复到《狼图腾》里面的情况，是一种追求，但是还不止如此。因为我们人类还要发展畜牧业，所以这里面就不得不谈到草原现代化的问题，所以我这里要提"狼图腾和现代化畜牧业的牵手"。

草原跟森林和荒漠比起来，它是个年轻的生态系统，因为森林生态系统是非常古老的，荒漠也是很古老的，草原相对比较年轻。草原里面最主要的禾本科的草起源于中生代，就是晚白垩纪、侏罗纪的冈瓦纳古陆。大概在第三纪的时候，也就是在7000万年以内，禾本科进入一个大发展时期，它从森林向草甸、向荒漠、向高山高原蔓延，尤其是随着4000多万年以前青藏高原和科罗拉多高原的隆起，第四纪冰期的发生和干冷气候的发展，就形成了在欧亚大陆以及北美相对称的这样一个环形的大草原带。在南半球也有这样一个带，由于海洋间断而不明显。至于内蒙古草原，它也有它的过去、现在

西部生态圈

和将来,我想简单地把它的几个阶段给大家介绍一下,这样我们对草原能有一个比较完整的、正确的认识。我们首先回顾一下人和自然相对和谐共处的过去的草原,接着讲述一个由于过度放牧而严重退化的现代的草原,最后展望一下返璞归真的可持续发展的将来的草原。

我用图6中的金字塔来描述草原的生态系统。一般来说,一个生态系统有这样一个营养级别上的金字塔式结构。金字塔最基层的就是绿色植物,绿色植物通过光

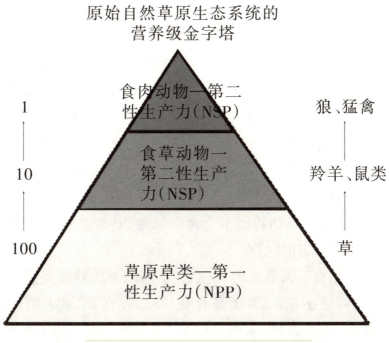

▲图6 草原生态系统的营养级金字塔

合作用,利用太阳能固定大气中的碳素,形成碳水化合物,这个碳水化合物就是糖类、淀粉、脂肪、蛋白,这就是第一性的生产力。这个生产力是我们世界上所有生命的根源。草原上的草类就是形成第一性生产力的,依靠这个第一性生产力维生的就是吃草的动物,动物吃草以后形成动物蛋白就是所谓第二性的生产力。食肉动物是以吃吃草动物为生的,它也是另一类第二性生产力。第一与第二生产力之间大致有10∶1的比例,也就是10份的第一性生产力,植物性的生产力,可以产生1份的动物的生产力,动物的脂肪、肉类;而10份的草食性动物可以产生1份肉食性动物。大概是这样一个数量级的比例。所以,草原上第一性的生产力就是草,吃草的羚羊、鼠类,等等,还有吃羚羊、鼠类的狼类、猛禽等,就是第二性生产力。如果没有狼,食草动物会大量繁殖,并由此造成第一性生产力的衰退、破坏、大量死亡。草少了或者没有了,食草动物的数量会下降,这样,草类就会慢慢恢复过来。是这样一个波浪形的过程。可是有狼在这个地方,食草动物就不会过分繁殖,这样就可以维持一个相对稳定的比例。

在有了人类以后,这个金字塔的结构就改变了。在早期,狼还存在,羚羊还存在,草还存在,但是人类出来以后,人类放牧,家畜来吃草,人类处于金字塔的顶端,代替了狼的地位。在人不太多的情况下,草原能够既养

西部生态圈

家畜，又养野生的食草动物。所以这时人和狼能够相对和平地共处，这就是过去"风吹草低见牛羊"的时代。那个时候，人不太多，牲畜不太多，牲畜在草地上有足够的草吃，所以草很丰茂，退化不严重。

到了现代，人大大增加，人增加家畜就增加，狼和羚羊等都被排挤出去，到边远的地方去了，或被捕杀光了，就是有，数量也是非常少。人类通过家畜占据了整个草原，而家畜的膨胀就不遵守这个1/10的定律了，因为它要大大地增加。家畜增多，但草并没有增多，所以家畜就变瘦、变小了。家畜变得瘦小了，人就要养更多的家畜，以从数量上补偿需要的肉食，所以就形成了恶性循环。在这种情况下，草原大大退化了。因为一个生态系统的生态功能是靠它的生物量来维持的，如果它的生物量低了，生产力低了，那么它对环境防风固沙、保水保土的功能也就小了。所以整个草原开始退化，从而引起了荒漠化。

我们的内蒙古草原本身就处在一个很不好的背景之下。由于全球气候的变化，自然灾害加强，尤其是在人口压力不断加强而导致过度放牧、滥垦土地、过度采挖植物的情况下，内蒙古草原普遍发生退化，目前已经是一个不能自我维持的系统了，它的金字塔式"十分之一"结构已经被破坏了，它已经是一个不可持续发展的生态系统了。内蒙古草原巨大的生态赤字意味着什么呢？以天然草地放牧为主的这样一个粗放的、落后的、传统的草原畜牧业,应该说有近一万年的历史了,至少也是几千年的历史,它比我们的农业可能还要早。应该说这一万年或者几千年以来,畜牧业这种传统的生产方式在我们国家没有太大的、根本性的变化,基本是靠天吃饭,维持金字塔那个结构。但是现在我们已经到了第三个阶段,也就是金字塔变形的那个阶段,不能维持了。以低下的生产力和牺牲生态为代价的生产方式使内蒙古草原已经不能自我维持了,由此导致生态严重退化,经济巨额亏损。也就是说,它生产出来的东西比它退化造成的损失还要少,退化的损失超过了生产量。内蒙古草原因为过度放牧而退化,生产力降低,生物多样性减少,种类组成退化,草原的旱灾、雪灾、蝗灾、鼠害非常严重。我们对内蒙古草原50年以来的气候做了一个统计,每10年里面有2~3次大雪灾。就是说,冬天雪太厚,把草都压住了,牲畜吃不到草,大量地饿死。每10年里面有3~4次大旱灾。就是说一直到七八月,由于没有水,草都不返绿,在初夏牲畜没有草吃,一直到晚夏,由此造成了很大的损失。还有黑灾,就是冬天没有雪,地表的植物完全被风吹掉了,没有草了。还有蝗灾、鼠害,等等。也就是在10年里面,绝大部分是灾年,由此造成了内蒙古草原畜牧业发展的不可持续性。再加上冬、春的饲草不能维持,所以内蒙古草原的退化是非常严重

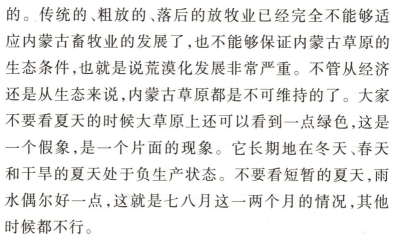

西部生态圈

的。传统的、粗放的、落后的放牧业已经完全不能够适应内蒙古畜牧业的发展了,也不能够保证内蒙古草原的生态条件,也就是说荒漠化发展非常严重。不管从经济还是从生态来说,内蒙古草原都是不可维持的了。大家不要看夏天的时候大草原上还可以看到一点绿色,这是一个假象,是一个片面的现象。它长期地在冬天、春天和干旱的夏天处于负生产状态。不要看短暂的夏天,雨水偶尔好一点,这就是七八月这一两个月的情况,其他时候都不行。

我们提出,这种传统的、粗放的(的确非常粗放)、落后的(生产力很低的)生产方式必须全面向以优质高产的人工草地和饲料地(它的生产力要增加10~20倍)为基础的现代化的畜牧业发展,这就是我们为内蒙古草原提出来的药方。天然草原的功能数千年来是以放牧为主的,这一功能要全面地转向。内蒙古草原要恢复防风固沙、保持水土和富集碳库的功能。内蒙古草原本来是一个大碳库,可是由于草地退化,这些碳库里面的有机碳都氧化了,变成了二氧化碳排放出去了。内蒙古草原已经由碳库转向碳源了,这个趋势是非常严重的。我们还要在内蒙古草原上养育野生有蹄类,草原上的野生动物也是非常丰富的。还要保护它上面的植物基因。全面恢复就发挥内蒙古草原的生态功能。内蒙古草原的未来方向是要退出放牧,转向以生态为主。草原的南缘还有农牧交错带,它的水条件比较好,我们要在那里以及东部农区建立人工饲草基地,以饲草料和畜牧业生产形成草原的强大支撑,作为草原牲畜的育肥带和大市场。这是我们对内蒙古草原的生态发展和生产定位的一个大对策。我们首先要在内蒙古和其他地方建立大量的人工草地,争取在2030年以前逐步地实施草原全部退牧,转为以生态保育为主。不是说临时地把它围一围,也不是说搞什么轮牧或者临时的围封,而是全面地、永久性地退出放牧。要大量地建立优质高产的人工草地,其生产力相当于天然草地生产力的10~20倍,甚至达到30倍。也就是说,我们只要在这个适宜的地方开发出1/10面积的人工草地,就可以担负草原100%的生产力,而且有余。那么还有一部分就是要依靠农牧交错带和农区,大量的草原牲畜要在秋天出栏,到那些地方去肥育,减低冬天和春天对草原的压力。草原牲畜都要到那儿去。要从农牧交错带和农区得到饲草的补充,维持草原生态系统的完整性和可持续发展。

这就是未来草原的结构:80%~90%的天然草地还给自然,让它的草地能够恢复,能够发展野生动物。要不要把狼引回来,这个可以再商量。在美国亚利桑那州那边,已经把狼引回来了,因为野生的羚羊太多了,已经危害草地了。美国的大草原是引回野牛,但没有引狼回来,而是由人来控制野牛的数量。然后在内蒙古草原上

西部生态圈

大致 1/10 的地方建造人工草地,发展现代化的畜牧业,建立以舍饲为主的、以人工草地为基础的这样一个优化的格局,就能够养活它现在所有的牲畜,而且有余。这里面我们还没有计算农牧交错带和农区,我们一部分羊要到农牧交错带和农区去出栏。如果把这一部分也算进去,那么它的生产力还要更高。

图 7 就是在内蒙古草原人工种草的情况,图中的植物是黄花苜蓿,它的生产力很高,超过天然草地产草量的 20 倍,而且它的营养价值是很丰富的。在内蒙古草原上大部分地方要选择合适的地方来建造人工草地,然后靠人工草地来发展现代化的畜牧业,并在高原的东南,

▲图7 内蒙古草原河谷中的人工草地

沿着水热土条件比较好的农牧交错带,建立高产、优质的人工饲草料基地,每年秋季大量接受草原牧区当年出栏的牲畜,就是架子畜,经过两三个月的育肥以后,转销或者屠宰加工,这样可以取得高额的附加值。

人工草地必须靠灌溉,因为内蒙古的旱灾是非常严重的。据计算,1/10土地的灌溉水源靠地下水是没有问题的,深层地下水达到100米,甚至更深。草原提水的动力问题也得到了比较好的解决,就是靠风力发电来提水。已经引进了荷兰的风车,成本是一台250万元,靠发电在当年就可以收回这个成本。风力发电技术的进步和普及,使得内蒙古人工灌溉草地的建立有了保证。有灌溉的人工草地种植多年生草,它对土地的覆盖、保水保肥的功能会更好,生产力则是原来的10～20倍。加上农牧交错带和农区的配合,育肥和饲草料的配合,发展现代化的畜牧业,就像西欧和北美国家一样。

新西兰是世界上天然草地发展最好的地方,可是它的人工草地占70%～90%。有那么好的天然草地,他们为什么还要建人工草地啊?在外面放牧就行了嘛!这是因为人工草地的生产力高,相对来说成本低。另外,它不破坏天然草地,可以保持天然草地的生态功能。欧洲阿尔卑斯、北美大草原、人工草地这些例子都说明:先进的畜牧业的国家,他们畜牧业的产值都占农业总产值的50%～60%以上,其中新西兰、澳大利亚的比例更高。

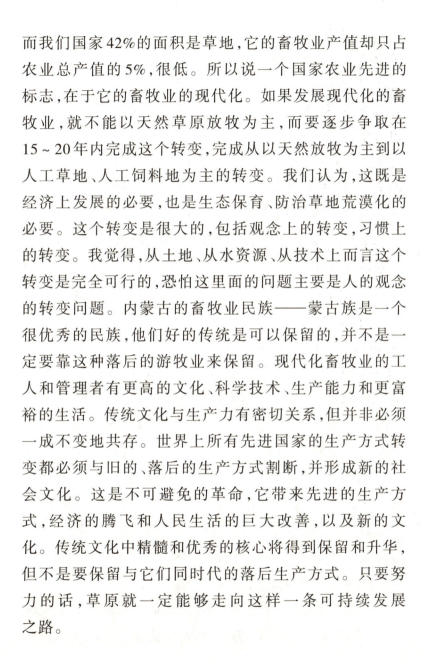

西部生态圈

而我们国家42%的面积是草地,它的畜牧业产值却只占农业总产值的5%,很低。所以说一个国家农业先进的标志,在于它的畜牧业的现代化。如果发展现代化的畜牧业,就不能以天然草原放牧为主,而要逐步争取在15~20年内完成这个转变,完成从以天然放牧为主到以人工草地、人工饲料地为主的转变。我们认为,这既是经济上发展的必要,也是生态保育、防治草地荒漠化的必要。这个转变是很大的,包括观念上的转变,习惯上的转变。我觉得,从土地、从水资源、从技术上而言这个转变是完全可行的,恐怕这里面的问题主要是人的观念的转变问题。内蒙古的畜牧业民族——蒙古族是一个很优秀的民族,他们好的传统是可以保留的,并不是一定要靠这种落后的游牧业来保留。现代化畜牧业的工人和管理者有更高的文化、科学技术、生产能力和更富裕的生活。传统文化与生产力有密切关系,但并非必须一成不变地共存。世界上所有先进国家的生产方式转变都必须与旧的、落后的生产方式割断,并形成新的社会文化。这是不可避免的革命,它带来先进的生产方式,经济的腾飞和人民生活的巨大改善,以及新的文化。传统文化中精髓和优秀的核心将得到保留和升华,但不是要保留与它们同时代的落后生产方式。只要努力的话,草原就一定能够走向这样一条可持续发展之路。

四、西北的农牧交错带

这个问题我简单谈一谈。在农牧交错带水热条件在草原地带好,所以在这个地方种人工草地、种饲料地的条件比在内蒙古草原好,它可以给内蒙古草原的牲畜育肥,并且它本身也可以发展畜牧业。这个地方的定位不可能以种粮食为主,因为这个地方风沙比较严重,不适合种粮食。这个地方应该以种草、种饲料为主,以发展畜牧业为主,应该形成农区和牧区之间的这样一个枢纽地带,发展现代化的畜牧业,这是它的一个主要任务。

农牧交错带处在草原牧区东南部和农区之间,它可以把草原的家畜育肥,而且可以为草原提供补充的饲草料,农区的一些农副产品也可以很方便地到这个地方来。所以这个地方可以形成一个现代化的以畜牧业为主的产业带。我们现在有个"973"项目就是研究这部分问题的。农牧交错带本身是一个生态过渡带,如果不好好地搞,它的荒漠化也是很严重的,它也可以形成一个风沙源区。在这个地方大量地开垦土地,大量的耕地撂荒以后,就将把它变成很严重的沙尘源区。而且这个地方也是华北这一带的水源涵养林区,森林破坏以后,也会造成水文上的问题。

在黄土高原这个地方,不合理的农耕造成了水土流失,问题非常严重。因为这个地方的降水量比草原高,

西部生态圈

而且黄土基质更松软,所以它的土壤侵蚀是非常可怕、非常严重的。这是典型的由水土流失造成的荒漠化,所以这个地区也不能轻视,应该从生态和经济两方面来给它的可持续发展提供一个模式。所以要把林、牧、草三方面结合起来,发展农牧交错带农林牧复合系统。我们对农牧交错带的定位是:农牧区的生态屏障和过滤带,人工草地和饲料地的基地。作为东部农牧区的生态屏障和风沙过滤带,农牧交错带的发展,最基本的是复合的农林系统,有农、有林、有牧,以农业方式来经营人工草地和畜牧地,然后结合乔、灌木的防护带,发展以舍饲和育肥为主的现代化的畜牧业,这就是农牧交错带的生态和经济发展方向。当然,在这个地方必须进行产业化,发展一系列的饲料加工业、服务业等,发展以畜牧业和畜产品为主的第二产业,并且开拓面向国内外市场的第三产业,形成西部草原牧区和东部农区城市地带之间的纽带和产业带。内蒙古的赤峰这一带是典型的农牧交错带,我们觉得那个地方开展现代化的畜牧业是非常有条件的,建立防护林的系统,甚至部分的林业,都是很有发展潜力的。

上面所讲的就是一个可持续发展的生态经济链。这个链带的形成要靠国家政策的支持,要靠先进的管理、高科技和教育提高这些地方人民的素质,才能形成这样一个产业链,才能保证我们国家西北干旱、半干旱地区的生态环境和经济的发展。

◀ 内蒙古草原的黄羊

▶ 赛加羚羊

◀ 普氏野马

▶ 北美野牛

西部水与生态

肖洪浪

一、水资源短缺与空间分布不均
二、流域水平衡问题
三、节水的几个阶段
四、生态水文与水环境修复
五、数字流域
六、水管理
七、水环境及其变化

【作者简介】肖洪浪,1985年中国科学院兰州沙漠研究所获硕士学位,1992—1993年比利时联合国国际沙漠中心进修和研究沙漠学。寒旱所创新研究员,博士生导师,所长助理。联合国开发署、中国科学院、国家环保总局沙漠化防治研究与培训中心副主任,中国治沙暨沙业学会理事,中国地理学会理事,地理学会沙漠分会常务理事兼秘书长、土壤物理分会常务理事,甘肃省土地学会常务理事;曾任澳发署、亚行土地退化、水文水资源领域的特聘专家。长期从事干旱区水土资源持续利用、沙漠化正逆过程、生物防沙治沙原理和技术研发。提出内陆河流域尺度水资源管理应坚持自然资源开发以流域为单元、社会和资源跨流域配置的理念；强调防沙治沙工程体系建设与管理应遵循生态系统及其水环境演替规律，内陆河沙漠化防治的基本原则是保证绿洲格局的稳定，高原风沙以治源为主。主持国家"十一五"科技支撑课题"沙区水土资源优化配置与高效利用技术研究"、国家基金委重点基金"黑河流域生态—水文过程研究集成"和中国科学院知识创新重要方向项目"黑河流域水循环与水资源管理研究"等相关科研项目。发表研究论文100多篇，主编《中国水情》。已完成的项目有八项获得国家和院部级奖励；因在防沙治沙技术开发领域的努力工作，曾获得联合国UNDP's "Best Practices Award on Indigenous Technology in Combating Desertification and Mitigating the Effects of Drought"。

西部水与生态

　　水包括大气水、地表水、地下水、土壤水，等等，我们所说的资源是相对于怎样利用而言的，如果水没有利用，一般我们排在资源之外。但是利用的概念很模糊，要看在哪些领域利用。我们干什么都要效率，水效率这一块是我们追求的，我们西部水少，肯定需要效率。水管理可能是讲一个流域或一个领域，但是水管理一定要拿到全球的市场上去管理，如果我们停在某一个领域或某一个区域去管理可能是不会成功的。这是几个争论比较大的概念，生态学家都说生态系统包括生态环境，但是环境学家说生态系统不包括生态环境，这就造成生态系统和生态环境有各家之说，不是说他们都错了，而在于像相对论那样我们放在哪一个尺度上去看问题。再就是生态恢复和生态管理问题，生态恢复中的恢复就是恢复系统原来的样子，生态管理更注重我们现在怎么做和我们未来要实现什么目的。21世纪是水的世纪，水资源已经从自然资源上升到战略资源的地位。西部穷，可能是水的问题，可能是开发利用的问题。我们要山川秀美的环境是要有代价的，很多东西是要从经济上去算账的，资源短缺可能制约着我们很多的活动。

一、水资源短缺与空间分布不均

　　西北有很多资源，但是我们缺的就是水，因此引起

环境与资源科学技术集

了一系列的生态环境问题。从全国来说水资源分布很不均匀,西部处于我国第二、三级阶梯上更是极端。西部看去是高山和盆地相间分布,山地景观表现为冰川和永久积雪、森林、草原、荒漠组合,盆地是绿洲,点缀于浩瀚戈壁、沙漠之中。就拿新疆这个地方来说,我们93%的水资源集中在西部,怎么利用和管理水资源却是人类的事。我们经常提到的就是缺水,但我们只盯着水资源肯定解决不了这个问题。近五年来,我们提出了水—生态—经济这个系统,研究这个系统的目的就是要解决水资源缺乏这个问题,一定要面对现实,要在整个流域、区域做文章,才能寻求解决水资源短缺问题的途径。

二、流域水平衡问题

水平衡是个多尺度的问题。这里我们主要在流域尺度给大家一个例子,以便认识我们所处的水环境。我们说水都是老天爷给的,这有几个问题,一是多少水从我们上空经过?二是多少水下来了?三是下来后去哪里了?这里以黑河流域为例,黑河源于青藏高原北缘的祁连山地,穿过河西走廊、阿拉善高原,入终端湖——居延海,跨青海、甘肃、内蒙古三省区。

每年从黑河流域上空经过的水汽大概是6678多亿立方米,但是出去的有6502亿立方米,也就是在黑河留

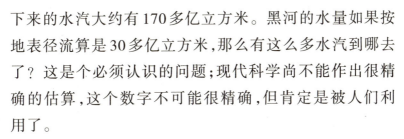

西部水与生态

下来的水汽大约有170多亿立方米。黑河的水量如果按地表径流算是30多亿立方米,那么有这么多水汽到哪去了?这是个必须认识的问题;现代科学尚不能作出很精确的估算,这个数字不可能很精确,但肯定是被人们利用了。

从流域科学领域我们主要抓水循环这个方向。刚才说了我们不能只盯着水本身来解决水稀缺,必须放在水—生态—经济这个系统里面才有解决方案。所以我们提出自然系统仍然以流域为单元,资源的配置必须实行社会和资源的跨流域配置。水资源问题永远是干旱区的关键问题,但同时也是发展的动力,仅局限在黑河流域解决水问题难度很大,我们有一个总的目标,也可以说是方案,就是提高流域尺度的水资源利用率,或者说提高水效益。刚才说170多亿立方米的水在黑河流域留下了,那么到底谁用了水?这些水到哪去了?山区只占黑河流域面积的20%多点,它用多少水从未有人正确估算过。

下面我们来看水的利用问题,很多已有的成果认为70%以上的降水是首先变成土壤水,然后再被生态系统利用,或者说被为人类服务的系统用了。也就是说只盯着这30%的地表径流来认识黑河流域水问题的思路可能要转一下了。一些研究显示这个比率在干旱区更大,即100%的降水,只有20%左右形成地表径流,80%被用了。按照这个比率我们可以算一下，在黑河流域留下的170多亿立方米水形成的径流是30多亿立方米，按比例其余的80%被为人类服务或为人类提供产品的系统用了。就是因为缺乏这些认识，我们不断地把生态水挪用于农业系统或工业系统，导致生态系统不断地退化。

国际上把这种土壤水（生态系统用水）叫做绿水，解决干旱区的水问题我们可能要从以前盯住20%的地表水转移到80%的绿水上。因此，流域管理近几十年开始成为一门科学。国际上已经认识到光盯住出山径流以及地表水、地下水怎么转换已经解决不了水稀缺问题了，我们只有跳出来。中国人常说退一步海阔天空，可能这是一个非常好的例子。流域的管理有很多条例，比如怎么分水，但还谈不上科学，仅凭经验和行政主管意识管水不可能有水资源的可持续利用，流域管理必须从水—生态—经济这三个方面去实现。这就给科学研究提出一个非常严峻的问题，就是流域管理是凭经验还是靠科学？

三、节水的几个阶段

在常规的节水办法中我们很多人都知道有工程节水，我们管理地表水这一块通过渠道、水库重新分配水资源，管好了30%（干旱区20%）的地表水。还是不能解

西部水与生态

决问题,然后又使用滴灌等现代灌溉技术,但很快也到了尽头(图1),而且西部农村、农民的现实能力也难以接受这种高投入的模式。因此我们开始探讨产业结构节水。河西的水80%给农业用了,农业上一立方米水值五毛钱,工业上一立方米水300元,所以需要走入结构性节水阶段。比如,农业内部先种些经济作物,把价值提高了,能改善农民的生活,仍然能往前走。管理节水应该是我们即将或正在步入的一个水管理阶段,它仍然是在常规节水的概念上、在流域的尺度上做文章。说了半天到底要怎么管水?科学家的责任不一定是解决问题,还在于提出问题和认识问题,提出问题后总会有人去解决问题。我们只是觉得要通过政策和体制来实现这些东西,我们国家的现实也是这么一个方式。

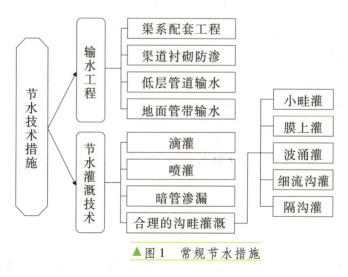

▲图1 常规节水措施

四、生态水文与水环境修复

生态水文通俗地说就是老天把雨下下来,通过植被、土壤等系统,完成水循环。简单地说,生态水文是研究生态系统的水文学。那么我们在这个系统里面考虑水分运动、水循环就落到植物和水的关系上,这是在一个较小尺度的生态系统上做文章。把流域作为一个完整的生态系统,研究其生态水文过程可称之为流域生态水文学。这里就是内陆河和外流河的水平衡考虑有些区别,作为内陆河来说,只有大气水的流出,老天下的雨基本上都用光了,而外流河却有一部分能流到海洋去了。如果研究黄河、长江这么一个尺度的生态系统,而且研究的可能是100%的水,那么生态水研究有必要扩展到社会经济系统。研究水和生物之间的功能关系,其重要的一环是认识非生物环境中的生物过程。这看起来似乎跟水没关系,但70%~80%的水被生态系统用了,生态系统是由生物和其环境构成,如果不了解非生物环境中的生命过程,就不能解决水问题。

下面是一些典型的例子:100mm降雨的人工生态系统、40mm降水的天然红砂群落,这些生态系统和地下水基本没有关系。它们的存在既要用液态水,也要用气态水。图2展示的是在干旱的沙漠地区大气中的水直接输入土壤—植被系统,这是一个很经典的图,其上的白色

西部水与生态

不是雪,而是大气水在沙丘表面的凝结。

我们很容易发现随着用水的增加和生产力的变化。如果都给它们供应充分的水,毫无疑问森林生态系统的产量比草地高。但我们关注的是水的高效利用,也就是提高单方水的产值、效益,用较少的水去构建较好的生态系统。

就降水而言可以忽略空间的异质性,因此认为降水的补给是均匀的。一般水形成径流,再加人工的调控,我们可以看出,大部分的水分被人工绿洲用了(图3)。结果就是调控那20%的水支撑了人类社会。人工系统本身需要更多的水来支撑,不管是常规的农业还是林业

▲图2 气态水直接输入到土壤-植被系统

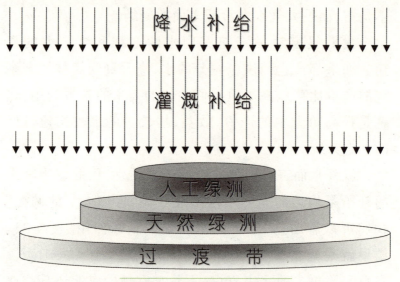

▲ 图3　荒漠绿洲的用水模式

系统都是一样的规律。我们在黑河流域有30多个测点，基本上实现自动、半自动的观测。这里我们还不能跳出传统的概念，还得靠山地—河谷—绿洲这个系统的循环，通过草料、家畜的时间和空间迁移来实现不同土地系统的物质和能量的迁移和转换，来保证水效益的提高。所以简单翻译就是系统耦合的三个效应（图4）。

我们研究水做什么？如果说研究水的人光讲水，你用车拉着水去卖也卖不了多少钱。这里值得强调的是最后都要走到市场子系统（图5），我们必须把水耦合到水—生态—经济系统里面去。要解决的问题引出了一个新兴的学科叫做生态经济学，它的特点是希望整合自

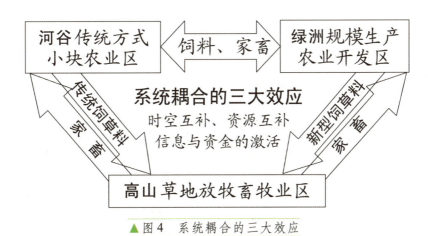

▲ 图4 系统耦合的三大效应

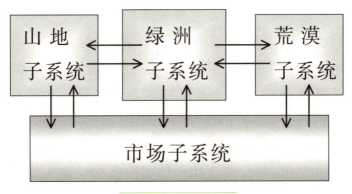

▲ 图5 市场子系统

然和社会资源。自然和社会是两个差异很大的学科,如果不能整合这两个学科,那么自然科学家就解决不了自然问题,社会学家也解决不了社会问题。引入这个学科就是为了解决自然—社会—经济系统的水循环。研究

环境与资源科学技术集

黄河、长江大尺度的水循环,需要把自然和社会系统整合到一起来认识。这些问题的进步可能致力于我们解决水的管理和生态问题。有一句非常经典的话:人类搞基因排序,就是为了整合这种资源。所以说诸如此类的问题我们要了解,并整合这些资源。

从20世纪50年代起,我们的老前辈开始在沙漠上做草方格,然后在上面种灌木。经过10年、20年的发展形成了灌木—草本系统,今天系统发展到现在的灌木—草本—生物结皮的阶段,这可能不是我们希望的阶段,但是它确实发展到这里去了。我们在黑河流域做了草地生态治理,我们的生态治理始终是致力于水资源的利用。我们种植禾本科、豆科的牧草,为的是要提高生产力,多年生草地的生态系统配置,还要遵循自然规律。几万年甚至是几十万年形成的东西可能是一个最有效的实体。另外,我们仍然坚持一个近天然配置的原则。就是说我们不希望我们在这里造一个什么东西,人类有能力改造自然,但自然往往也给我们很多回报。问题就出在我们不知道怎么改造它的情况下就改造了它。节水、生态健康、环境友好的绿洲是我们追求的一个比较完整的绿洲系统,按照从水、生态、经济诸方面配置的结果管理绿洲系统。

西部水与生态

五、数字流域

任何学科都离不开数学,数学能用三言两语非常简单的语言表达非常完美的意思。要我们用地学把一个东西描述出来,比如说那个树是尖的,有多高?好像比较艰难。所以我们在做数字流域方面的工作,这方面的工作有三大块:一个是流域模型,一个是数据同化,一个是尺度转换(图6)。这也是我们黑河流域做水、生态、经济管理预见最艰难的问题。沙漠戈壁太大了,测点太少了,那么我们怎么去补充这种资料,怎么获取那些我们没有测点地点的资料。就是说我们怎么把一个小的绿洲转换成一个绿色走廊,我们怎么把山上的一棵树、一棵草转换成整个祁连山的土壤植被系统。所以我们必须面对这个非常艰难的问题。

六、水管理

水资源的开发利用和持续发展有这么几种关系:在我们中国的西北地区,20世纪80年代以前可以说是在供水管理阶段(图7)。如果水资源的利用(水需求)在水资源可持续性状态线之下,我们能够保证农业资源的可持续利用,也能够满足人类社会的需求。所以说在80年

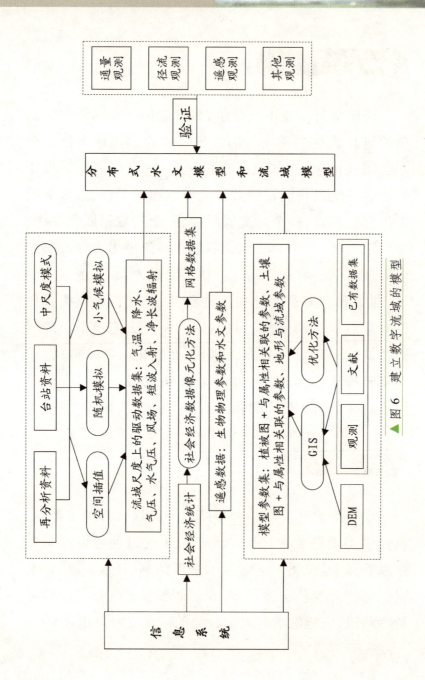

▲ 图6 建立数字流域的模型

西部水与生态

代以前我们有充足的水。大家想在哪里开地就在哪里开地,想灌多少水就灌多少水。那个时候的水价也非常便宜。那么80年代以后这些曲线逐步地超过了这条线的承载能力了,我们的水问题就开始出现了。到这个时候我们开始考虑节水了,我们采地下水来补足我们的农业灌溉,同时我们也去开发更多节水措施来满足需求,但总是满足不了,这个系统远远在可持续状态之外,我们正在接近技术节水管理的终点。

我们现在搞城市化,搞产业。我们开始搞水资源分配的结构性调整,但是这个调整是有限度的。超过这个限度,无论我们需要还是不需要,水需求曲线总是要回到这个可持续发展的状态上,这是一个很漫长的过程,谁也不敢说十年、二十年、甚至两百年能走完水资源社

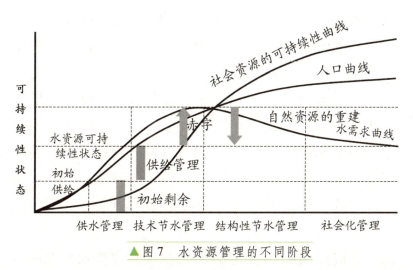

▲图7 水资源管理的不同阶段

会化管理的历程。黑河流域处于内陆河水资源利用的临界状态,处于节流阶段,开源这个阶段我们早走过了,现在应该处于技术性节水和结构性节水的过渡阶段。尽管我们推广节水技术、调整用水结构,似乎还处在这个阶段。但是这是解决不了问题的,所以说我们必须向社会化管理进军。

尽管黑河流域是全国三大节水试点流域,但水贸易这个关键问题急需认识,要靠干旱区的水来解决干旱区的发展。比如说美国的水运到非洲去了,靠什么运过去的?靠的是粮食援助、战争援助等。非洲生产一吨小麦要多少水?北美生产一吨小麦要多少水?生产力也不在一个水平上。它的现象是没有粮食,但把粮食运过去实际上就把水运过去了,缓解了当地的干旱,这就是全球水贸易。当然,水贸易有许多环节,比如产业系统的虚拟水怎么运转吧?我们说形成产品,然后产品的加工、生产,然后到消耗这几个环节,怎么算这个水流是科学界希望解决的一个大问题。这个问题对我们干旱区是非常重要的。我们可以看出亮一点的地方都是水分输出的国家,暗一点的地方是水分输入的国家。当然这不是一个非常完全的统计,因为全球这样的研究不多。所以说我们西部要发展一定要把水用到最有价值的地方去。

我们国家从20世纪60年代到现在虚拟水的进出口

情况统计显示,我们国家整体是处于进口虚拟水,就是说我们国家还是水不够用。进口的东西实际上不一定是到西部来了,西部反而在向东部输出水。其实输出的是粮食,因为我们这里很多有商品粮基地。所以说很多不公平并不是我们意识到的。那么,把这个思路扩展,我们在水—生态—经济这个系统上考虑问题。就能意识到该把水拿去做什么,该怎么管理这个水。

七、水环境及其变化

人们都说西部曾经是非常湿润的环境。图8中的两个剖面展示了千年尺度的黑河下游已经是戈壁沙漠了,但是又经历了一些水的沉积,就是说它是一个间隔性的波动。西部气候在转型,但是这个尺度和年限转到什么程度还很难预测。西部的环境本身就曾经是非常干旱的,但它确实有过几次非常湿润的事件发生,绝对不能以这几次湿润的事件定义西部曾经是非常湿润的。6000年来,这里的环境都是干湿交替的。

西部气候变化对全球气候变化是有响应的,而且有些东西是一致的。黑河的径流一直是增长的趋势,而下游在干旱化,就是说20%的水被人类完全控制了,而且我们现在要去向生态系统索回那80%的水。那么在人类影响下和不影响下完全是不一样的。我们以2000年

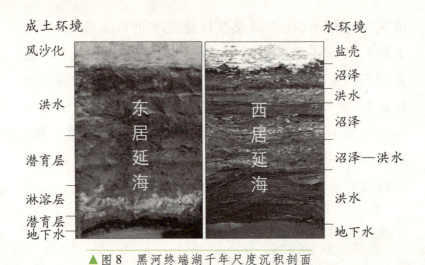

▲ 图8 黑河终端湖千年尺度沉积剖面

的认识可能一眼看到这个地方是干旱化、沙漠化,但它可能就是人类活动的结果。

穿越"环境高山"

陆钟武

一、基本思想
二、理论分析
三、实例及其分析
四、中国环境负荷的预测
五、结　论

【作者简介】陆钟武,冶金热能工程和工业生态学专家。1929年10月出生于天津市,原籍上海。1950年毕业于大同大学(前三年在中央大学),获学士学位,1953年毕业于东北大学研究生班(前两年在哈尔滨工业大学)。现任东北大学教授。其学术成就体现在以下三方面:在炉窑热工方面,率先参照势流理论研究了竖炉气体力学,用高炉炉身静压成功地判断了炉内的主要变迁;建立了火焰炉热工基本方程式;查明了普通平炉改为内倾式后指标下降的原因。改进后的加热炉热效率达国际先进水平。在系统节能方面,提出了载能体概念,产品能耗的e-p分析法,以及物流对能耗的影响分析法,创立了系统节能理论和技术;提出了钢铁工业的节能方向和途径;探明了我国钢铁工业年节能率一度下降的原因;预测了我国钢铁工业2000—2010年的能耗值。在工业生态学方面,率先建立了有时间概念的产品生命周期物流图及其分析方法;明确了我国钢铁工业废钢资源严重短缺的主要原因是钢产量持续高速增长;揭示了资源效率等指标与物质循环率及产品产量变化等因素之间的关系。以穿越"环境高山"为比喻,阐明了新型工业化道路在资源、环境方面的基本特征;导出了环境负荷与经济增长"脱钩"的条件方程式。

陆钟武教授多次获得国家及省部级奖励,1985年获国家科技进步奖二等奖,2004年获光华工程科技奖。发表学术论文180余篇,专著5本,1997年当选为中国工程院院士。

穿越"环境高山"

前　言

中华人民共和国成立以来,尤其是改革开放以来,我国经济持续高速增长。目前的经济总量已相当可观。与此同时,随之而来的环境负荷总量也相当巨大,环境形势相当严峻。

近年来,我国在环境保护方面,采取了一系列重大措施,做了大量工作,取得了比较显著的效果。"全国环境状况正在由环境质量总体恶化、局部好转,向环境污染加剧趋势得到基本控制、部分城市和地区环境质量有所改善转变"。

但是,应该看到,我国还正处在工业化的进程中,为了最终完成工业化的全过程,还有很长一段路要走。这条路究竟怎样走才能实现经济和环境"双赢",是现在就必须做出选择的重大问题。这是因为:第一,经济高速增长的势头可能还将延续多年,今后只有走对了路,才能避免环境负荷的快速上升;否则,不出几年,我国的环境问题就可能非常严重。第二,我国是最大的发展中国家,经济和环境负荷总量,在世界上都已占有一定份额,将来还会愈来愈大。环境负荷总量若得不到有效控制,不仅我国自身承受不了,而且对于世界其他国家和地区都会有较大影响。

党的十六大及时指出,我国必须走出一条经济效益好、资源消耗低、环境污染少、人力资源得到充分发挥的新型工业化路子来。这是高瞻远瞩的宏伟战略目标,它给全国人民指明了方向,意义十分重大。环保和经济工作者的任务,就是把这条新型工业化道路进一步具体化,并把它落到实处。

环境和发展,二者必须联系起来,才能看清问题的本质。这个观点,是从20世纪80年代起人们才逐渐认识到的。近来国内外出版了一些有分量的专著,很有参考价值。例如,唐奈勒·H.梅多斯等人所著的《超越极限——正视全球性崩溃,展望可持续的未来》一书中利用模型运算的结果,展示了今后几十年内世界人口、资源和环境变化的各种情景预测。

本文将在参考国内外文献的基础上,论述在我国工业化的后半段时间内,避免出现严重环境问题的原则思路;对经济增长过程中环境负荷的上升和下降问题进行必要的理论分析;以能源消耗量为例,分析一些国家和我国一些省份在经济增长过程中环境负荷的变化情况;并对我国未来的环境负荷进行预测。

一、基本思想

一两百年来,西方各发达国家的经济增长与环境负

穿越"环境高山"

荷的升降过程以及未来的趋势,如图1(a)所示。图中横坐标是"发展状况",它比经济状况的含义更广泛些;纵坐标是"资源消耗",强调的是环境负荷的源头方面。由图可见,在经济增长的过程中,环境负荷的升降分为三阶段:工业化阶段,环境负荷不断上升;大力补救阶段,环境负荷以较慢的速度上升,达到顶点后,逐步下降;远景阶段(尚未完全实现),环境负荷继续下降,直到很低的程度。在前两个阶段的一部分时间里,有些国家的环境问题曾经十分严重。今后的任务是不断地降低环境负荷,沿着图中的虚线往前走。

发展中国家的经济增长,起步较晚,至今仍在工业化的征途中。这些国家应以发达国家的历史为鉴,认真吸取其经验教训,不去重复它们的错误。也就是说,不

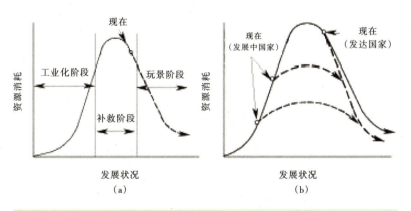

▲图1 资源消耗与发展状况的关系
Fig The relationship between resource consumption and the state of development

要等到工业化的后期,才采取补救措施,而要当机立断,从现在起就采取有力措施,争取早日进入第二和第三阶段,如图1(b)所示。这样,就可以在工业化进程的后半段时间内,避免出现十分严重的环境问题。

如果把图1中描绘发达国家环境负荷的曲线看成是一座高山,那么发展经济就是一次翻山活动。发达国家已经基本上翻过了这座"环境高山",经济大幅度发展了,但也曾付出过沉重的环境代价。所以,发展中国家最好不要再走发达国家从山顶上翻过去的老路,而需另走一条新路,那就是在半山腰上开凿一条隧道,从其中穿过去。这样,翻山活动变成了穿山活动,付出的代价(环境负荷)较低,而前进的水平距离(经济增长)却没变。

如果我国今后继续走传统的工业化老路,往山顶上爬,那么可以预料,未来的环境问题必将十分严重。所以,这条路是走不得的,也是走不通的。我国唯一的正确选择是下决心在"环境高山"的半山腰穿过去,走出一条新型工业化的道路,避开环境问题最严重的阶段。而且这个决心下得愈早愈好。这是属于"机不可失,时不再来"的一种选择。如果错过当前的时机,等若干年后再下决心,就可能为时已晚。

穿越"环境高山"

二、理论分析

环境负荷的控制方程可写成如下形式：

$$I = P \times A \times T \qquad (1)$$

式中 I——环境负荷,含资源、能源消耗及废弃物排放等；

P——人口；

A——人均国内生产总值；

T——单位国内生产总值的环境负荷。

若令 $P \times A = G$，则式(1)变为

$$I = G \times T \qquad (2)$$

式中 G——国内生产总值。

式(2)是环境负荷与国内生产总值之间的基本关系式。

在式(1)两侧同除以 P，则得

$$\frac{I}{P} = A \times T$$

或写作

$$E = A \times T \qquad (3)$$

式中 $E = \frac{I}{P}$，是人均环境负荷。

式(3)是人均环境负荷与人均国内生产总值之间的基本关系式,其中各参数之间的关系与式(2)相同。

下文中将从式(2)出发展开分析,其结果同样适用于人均环境负荷与人均国内生产总值之间的关系。

国内生产总值GDP是经济发展的主要指标,以下将用GDP表示经济发展程度。即使用国民生产总值GNP作为经济发展指标,以下分析结果也同样有效。

由式(2)可见,如果单位GDP的环境负荷T值在GDP变化过程中保持不变,那么环境负荷I与GDP之间的关系很简单,即二者同步变化。好比GDP翻一番,那么环境负荷也跟着翻一番。但是,如果在GDP上升或下降的过程中,T值也变化,而且二者又都是按各自不同的规律在变化,那么经济增长与环境负荷之间的关系,就比较复杂了。为了简明起见,本文仅分析GDP呈指数增长,而单位GDP环境负荷呈指数下降的情况。

设基准年份的GDP和单位GDP环境负荷分别为G_0和T_0;GDP的年均增长率和单位GDP环境负荷的年降低率分别为g和t。

第n年的GDP等于

$$G_n = G_0(1+g)^n \qquad (4)$$

第n年单位GDP的环境负荷等于

$$T_n = T_0(1-t)^n \qquad (5)$$

第n年的环境负荷等于

$$I_n = G_n T_n$$

将式(4)、式(5)代入上式

$$I_n = G_0 T_0 (1+g)^n (1-t)^n$$

化简后,得到

$$I^n = G_0 T_0 (1+g-t-gt)^n \qquad (6)$$

式(6)是在GDP呈指数增长,而T呈指数下降的条件下,在GDP增长过程中第n年环境负荷的计算式。

由式(6)可见,当GDP呈指数增长,而单位GDP的环境负荷呈指数下降时,在GDP增长过程中,环境负荷的变化可能出现逐年上升、保持不变以及逐年下降三种情况。其条件分别是:

① 环境负荷I_n逐年上升:

$$g-t > gt \qquad (7a)$$

② 环境负荷I_n保持原值不变:

$$g-t = gt \qquad (7b)$$

③ 环境负荷I_n逐年下降:

$$g-t < gt \qquad (7c)$$

其中,式(7b)是临界条件,从中可求得单位GDP环境负荷年降低率的临界值为

$$t_k = g/(1+g) \qquad (8)$$

如果实际的t值大于t_k值,环境负荷必逐年下降,环境状况逐年好转;反之,环境状况必逐年恶化。在规划工作中,式(7)是判断环境负荷将来会上升还是下降的依据。

请注意,t_k值与g值之间并不相等。由式(8)可见,t_k略小于g,见表1。

表1　$t_k=g/(1+g)$的计算值

Table1　The calculated values of $t_k=g/(1+g)$

g	0.01	0.02	0.03	0.04	0.05	0.06	0.07	0.08
t_k	0.0099	0.0196	0.0291	0.0385	0.0476	0.0566	0.0654	0.0741
g	0.09	0.10	0.11	0.12	0.13	0.14	0.15	
t_k	0.0826	0.0909	0.0991	0.1071	0.1150	0.1228	0.1304	

三、实例及其分析

以能源消耗量为例,分析一些国家和我国一些省份经济增长过程中环境负荷的升降实况。

1. 国家级实例及分析

在1980—1999年间,一些国家人均GNP增长过程中人均年能源消耗量变化的实况,如图2所示。图中的每根折线代表一个国家,每根折线上的三个点分别是1980年、1990年、1999年该国的坐标点。每根折线第三个点上的箭头表明线的走向。

图2的整个画面,好像是一幅群山图,"环境高山"的轮廓显现的比较清楚。图中加拿大、挪威、瑞典、荷兰四国,人均能源消耗量1990年开始下降;其他发达国家则在1980—1999年间基本保持稳定,或稍有上升;发展中

穿越"环境高山"

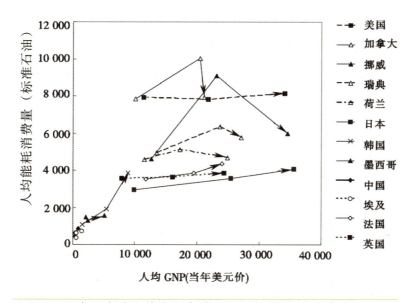

▲ 图2　几个国家的人均能源负荷——人均GNP变化曲线
Fig 2　The curves of per capita energy consumption—per capita GNP for several countries

国家各国，就完全是另一种情况，它们的箭头全都直指上方。对各国的数据进行必要的计算后，可得到以下看法：

① 在20世纪90年代，加拿大、挪威、瑞典、荷兰四国的共同点是：$t > t_k$，所以人均能源消费量E值下降。例如，挪威$g = 4\%$，$t_k = 3.85\%$，而$t = 8\%$，所以，E值（标准石油）从9083 kg/a降为5965 kg/a；又例如，加拿大$g = 1\%$，$t_k = 0.99\%$，而$t = 3\%$，所以，E值（标准石油）从10009 kg/a降为7929 kg/a；

② 其他发达国家的 t 值比较接近或等于它们各自的 t_k 值,所以人均年能源消费量稍有上升,或基本不变。

③ 发展中各国的情况是:单位 GNP 能源消费量的下降,远远跟不上人均 GNP 的增长,所以人均能源消费量大幅度上升。例如,韩国在 1980—1990 年间,单位 GNP 能源消费量以每年 7% 的速度下降,但人均 GNP 以每年 14% 的速度上升,前者比后者低得多,所以人均能源消费量(标准石油)从 1087 kg/a 上升为 1898 kg/a。

④ 从一些国家单位 GNP 能源消费量的比较(表2)可见,各国之间的差异相当大。能源利用得最好的国家是日本,利用得很差的国家是中国。

表2 一些国家的千美元能源消费量(以标准石油计)
Table 2 The energy consumption per thousand US dollars for several countries kg/千美元

国家 年份	日本	挪威	荷兰	美国	加拿大	墨西哥	韩国	中国
1980	300	363.6	400.5	698	774.4	711	715	1452
1990	140	392.8	295.8	359	489.0	522	351	1616
1999	114	127.7	187.7	239	357.3	304	434.5	1033

图3是中、美、日三国在过去的半个世纪里,经济增长与能源消耗的实况。由图可见,近30年来,美国和日本的年能源消耗量都已基本稳定。中国则不然,能源消费量与GDP同步增长,只是近年来能源消费量上升的速

穿越"环境高山"

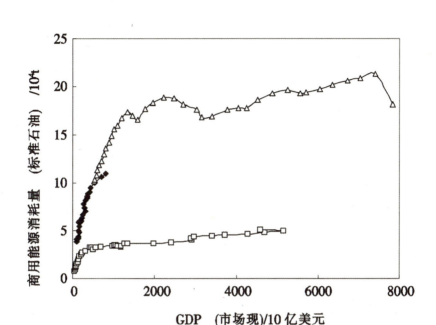

▲ 图3 中、美、日三国商用能源消耗量——GDP关系曲线
Fig 3　The curves of commercial energy consumption—GDP for China, USA and Japan

度才慢下来。中、美两国的曲线连起来看，中国还正在往"环境高山"上爬。日本的情况很不一样，能源消费量从来就不曾上升到很高的数量。可以认为，在能源消耗问题上，日本所走的路子就是穿越"环境高山"。

2. 省级实例及分析

1980—1999年间，我国一些省、自治区和直辖市人均GDP增长过程中人均年能源消耗量变化的实况，如图4所

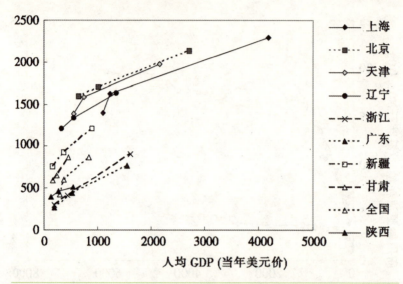

▲ 图4 中国几个省、市的人均能源消耗量——人均GDP变化曲线
Fig 4 The curves of per capita energy consumption—per capita GDP for several provinces and cities in China

示。图中的每一根折线代表一个省、自治区、直辖市,每根折线上的三个点分别是1980年、1990年、2000年该省或市的坐标点。经必要计算后,可以见到以下几点。

① 各省、自治区和直辖市的共同特点是:$t<t_k$,人均能源消费量随人均GDP的增长而上升。以浙江省最突出,1990—2000年间,单位GDP能源消费量每年递减约5%,但人均GDP每年递增约14%,所以人均年能源消费量(以标准石油计)从411 kg/a上升到907 kg/a。经济发展较快的其他省、市,如广东省、上海市,也大致如此。

② 各省、自治区和直辖市单位GDP能源消费量的差别较大,见表3。以2000年为例,广东省单位GDP能源消费量为491 kg/千美元,而甘肃省高达1866 kg/千美元,二者的比值为1:3.8。各省、市情况不同,但相互交流经验看来十分重要。

表3　中国几个省、市的单位GDP能源消费量(以标准石油计)
Table 3　The energy consumption per unit GDP for several provinces and cities in China

kg/千美元

省份 年份	广东	上海	浙江	辽宁	新疆	甘肃
1980	1364	1257	1529	3655	4533	3760
1990	825	1311	926	2369	2452	2843
2000	491	550	557	1203	1337	1866

四、中国环境负荷的预测

中国2001年GDP增长率为7.3%。在下面的预测中,假设今后20年内GDP按$g=0.07$递增。

为了便于讨论问题,设中国2001年的GDP为G_0,环境负荷为I_0,单位GDP环境负荷为T_0;单位GDP环境负荷的年下降率(t值)按$t=0.0$, $t=0.04$, $t=t_k=0.0654$三种情况考虑。在上述条件下,按式(4)、(5)、(6)计算2005年、

2010年、2020年的 G、I 及 T 值,计算结果如表4所示。

表4可用于中国各种环境负荷的2005年、2010年、2020年的预测。

表4 中国2005年、2010年、2020年 G、I 及 T 的计算值

Table 4 The calculated values of G, I and T in 2005, 2010, 2020 for China

年份	GDP(G)	环境负荷(I)	单位GDP环境负荷(T)
2001	G_0	I_0	T_0
$g=0.07, t=0.00$			
2005	$1.311G_0$	$1.311I_0$	T_0
2010	$1.838G_0$	$1.838I_0$	T_0
2020	$3.617G_0$	$3.617I_0$	T_0
$g=0.07, t=0.04$			
2005	$1.311G_0$	$1.113I_0$	$0.849T_0$
2010	$1.838G_0$	$1.273I_0$	$0.693T_0$
2020	$3.617G_0$	$1.665I_0$	$0.460T_0$
$g=0.07, t=0.0654$			
2005	$1.311G_0$	I_0	$0.763T_0$
2010	$1.838G_0$	I_0	$0.544T_0$
2020	$3.617G_0$	I_0	$0.277T_0$

以能源消耗为例,2001年能源消耗量(以标准煤计)

为 I_0 = 13.2 × 10^8t,GDP 为 G_0=9 5933.3 亿元人民币（当年价），由此算得单位 GDP 的环境负荷为 T_0=1.376 × 10^4t/亿元人民币。

将以上 G_0,I_0,T_0 值代入表4后,得表5。

表5 中国2005年、2010年、2020年GDP、能耗、单位GDP能耗的计算值（以标准煤计）

Table 5 The calculated values of GDP, energy consumption, energy consumption per unit GDP in 2005, 2010, 200 for China

年份	GDP/亿元人民币	能耗/×10^8t	单位GDP能耗 ×10^4t(亿元人民币)
2001	95933.3	132000	1.376
g=0.07, t=0.00			
2005	125749.0	173025.1	1.376
2010	176369.5	242676.6	1.376
2020	34645.4	477381.6	1.376
g=0.07, t=0.04			
2005	125749.0	146958.3	1.169
2010	176369.5	168061.8	0.953
2020	346945.4	219795.7	0.634
g=0.07, t=0.0654			
2005	125749.0	132000	1.050
2010	176369.5	132000	0.749
2020	346945.4	132000	0.381

由表5可见,在GDP年递增率0.07的情况下,如不采取措施降低单位GDP能源消耗量,即 $t=0.00$,总能源消耗量将与GDP同步增长,2005年、2010年和2020年将分别达到 $17.3×10^8t$、$24.3×10^8t$ 和 $47.7×10^8t$ 标准煤。如此巨大的能源消耗量,不仅供应困难,而且环境也承受不了。

当 $t=0.04$ 时,因 $t<t_k$,总能源消耗量将逐年上升,2005年、2010年和2020年将分别达到 $14.7×10^8t$,$16.8×10^8t$ 和 $22.0×10^8t$ 标准煤,年递增率为2%~3%。这对于能源供应和环境状况的压力仍不小。

若将 t 值提高到临界值0.0654,则能源消耗量将一直保持2001年的水平。为此,单位GDP能源消耗量在2005年、2010年和2020年必须分别达到10500、7490、3810吨标准煤/亿元人民币GDP,分别相当于2001年的0.763、0.544、0.277倍。只要努力,那么中国将可以顺利地穿过"能源高山",走出一条经济增长和能源节约的新路。

五、结 论

1. 穿越"环境高山",虽然是个比喻,但它能很形象地说明新型工业化道路在环境与发展两者关系方面的基本特征。

2. 要当机立断,下决心走穿越"环境高山"之路,否则,未来十分严重的资源和环境问题是无论如何也避免不了的。

3. 要千方百计地使万元GDP环境负荷的年下降率t值接近、等于甚至大于GDP的年增长率g值;要随时监控万元GDP的环境负荷T值和环境负荷总量I值。

4. 要因地制宜,从实际情况出发,制订环境与发展规划,科学地确定各阶段的g、t、T、I等指标的目标值。

附:具体措施

① 调整产业结构、产品结构;

② 发展循环经济;

③ 提升技术水平;

④ 提升管理水平;

⑤ 采用替代能源;

⑥ 制定法律法规;

⑦ 制定政策(技术、价格、金融);

⑧ 加强宣传教育;

⑨ 改变经营、观念、策略;

⑩ 改变消费观念(可持续消费观念);

⑪ 采用各种末端治理手段。

255

节能减排,低碳生活

极地变化与人类关系

高登义

一、极地变化与人类关系
二、极地变化与人类未来

【作者简介】高登义,中国科学院大气物理研究所研究员,挪威卑尔根大学数学与自然科学学院荣誉博士,中国科学探险协会主席,中国科普作家协会常务理事,中国科学探险杂志社社长、主编。

毕生从事高山极地环境气象科学的考察研究工作,撰写了多部专著,并在中外学报上发表论文60多篇,曾获中国科学院科技成果奖特等奖、国家自然科学奖一等奖,全国先进工作者和全国优秀科技工作者荣誉。他重视科普工作,先后在全国做科普报告500多场,并著有《南极圈里知天命》、《亲近地球之巅》、《梦幻北极》、《与山知己》、《极地探险》等10多部科普著作。

极地变化与人类关系

一、极地变化与人类关系

自1980年以来,极地的概念逐渐发生了变化。先前,世界科学界公认地球有两极,那就是南极和北极。目前,世界科学界公认地球有三极,南极、北极和青藏高原。青藏高原是地球的第三极,即是地球的最高极。

"青藏高原是地球的第三极",这一观点在1980年5月于北京召开的"北京青藏高原国际科学讨论会"上由中国科学家提出,并得到相当一部分外国科学家的赞同。之后,1981年7月,由《地理知识》编辑部编辑、上海教育出版社出版的《考察在西藏高原上》的前言中指出:"西藏高原是地球上一个独特的地理单元","把它与南极和北极相比,称它为世界的第三极"。1982年,由科学出版社出版的《西藏自然地理》的前言中指出:"青藏高原是地球上海拔最高、面积巨大的高原,在自然地理学上,它是一个独特的中低纬的高寒环境,号称地球第三极。"之后,世界科学家逐渐认可地球有三极,即南极、北极和青藏高原。

(一)北极与华夏子孙的渊源

1. 康有为确实是中国第一个到达北极的人

下面是摘自中国第一历史档案馆文登·扶余和鞠德

源两位教授的未出版之书《中国人与北极的历史渊源》中的一些话:"东方朔是中国亦是世界上最早到达北极探险的第一人";"谢青高是中国参与英国库克船长探索阿拉斯加、白令海峡和北极边缘的第二人";"康有为是中国到达世界探访北极的第三人"。

从笔者考证的情况来看,目前还没有比较充分的证据证明东方朔和谢青商是否到过北极,但可以比较有把握地说康有为确实是中国第一个到达北极的人。

1908年5月,康有为到达北极斯瓦尔巴(Svalbard)群岛中的那岌岛(Edge Island,北纬84°附近)。之后,他的一首诗中写道"携同壁游那威北冰洋那岌岛夜半观日将下来而忽",其诗注中说:"时五月二十四日,夜半十一时,泊舟登山,十二时至顶,如日正午。顶有亭,饮三边酒,视日稍低日幕,旋即上升,实不夜也,光景奇绝。"诗注中描述北极极昼现象用了"视日稍低日幕,旋即上升,实不夜也,光景奇绝"。根据笔者10次在极昼期间赴北极考察的实际来看,康有为的描述符合北极极昼的实际情况。因此,目前可以认为,康有为是中国到达北极的第一人。

2. 中华人民共和国在北极建站前对北极科学考察的大事记

第一个进入北极地区的科学家高时浏:1951年夏天

在地球北磁极点工作。

第一个到达北极点的记者李楠：1958年11月从莫斯科乘飞机在北极点着陆。

第一个在北极浮冰上展开五星红旗的科学家高登义：1991年8月5日下午当地时间2点左右，在北纬80°的浮冰上展开五星红旗，并连续7天进行大气科学观测。

第一个在北极点展开五星红旗的李乐诗：1993年春天在北极点展开五星红旗。

第一支到北极点考察的非政府科学考察队：1995年4—5月，中国科学技术协会和中国科学院组织了中国北极考察队，从北纬88°滑雪到达北极点科学探险。

第一支政府组织的海上北极科学考察队：1999年7—9月，国家海洋局极地考察办公室组织中国科学考察队，赴北极海域进行综合科学考察。

第一个非政府的"中国伊力特·沐林北极科学探险考察站"：2001—2003年，经中国科学技术协会批准，中国科学探险协会组织科学家在北极斯瓦尔巴群岛的朗伊尔宾（Longyearbyen）建站并进行科学考察。

第一个政府的中国北极黄河科学考察站：2004年7月，在斯瓦尔巴群岛的新奥尔松建立。

3. 中国科学家促进中国北极站建立

自2001年起，在得到挪威驻中国大使馆去北极斯瓦尔巴群岛建站的邀请信后，经中国科学技术协会批准，并得到中国科学院和国家海洋局极地办公室的支持，中国科学探险协会在新疆伊力特实业有限公司和湖南沐林食品有限公司的支持下，先后组织我国地学和生物学的近30名科学家和20多位新闻媒体记者，赴北极斯瓦尔巴群岛科学考察，并建立了中国人的北极科学探险考察站。科学考察研究项目为"北极斯瓦尔巴地区与青藏高原生态环境系统对比研究"。2002年7月30日，中国人的第一个北极科学考察站"中国伊力特·沐林北极科学探险考察站"在北极斯瓦尔巴群岛的朗伊尔宾落成。

(1)《斯瓦尔巴条约》对于我国北极建站的作用

1991年8—9月，笔者应挪威卑尔根大学叶新教授的邀请，参加了挪威、苏联、中国和冰岛四国科学家联合北极综合科学考察。这次考察更重要的收获是笔者从叶新教授赠送的《北极指南》(Arctic Pilot)一书中，第一次看到了《斯瓦尔巴条约》的原文。从条约中可以看到，中国从1925年起成为这个条约的正式成员国，有权在斯瓦尔巴群岛建立科学考察站、办教学、开矿等。笔者回国以后很快就向国家有关部门汇报，希望尽快促进我国北极科学站的建立。中国科学院副院长孙鸿烈同志在听取汇报后非常支持，在中国科学院"九五"科学研究重大项目"极地与全球变化"中设立了一个子课题"北极斯瓦尔巴群岛建站调查"，并指定由笔者负责。

（2）加强与挪威等北极地区国家的科学技术合作

1991年9月,由笔者受协会主席刘东生院士的委托,代表中国科学探险协会和挪威卑尔根大学的两位校长会谈,签订了一份合作协议,中挪双方将联合进行北极和青藏高原科学考察。这份合作协议为中国北极建站开辟了一条通道,同时也为广泛开展中挪科学合作奠定了基础。中国科学院在1995年5月派出以陈宜瑜副院长为团长的中国科学院代表团(成员有秦大河、高登义、张兴根)访问挪威,为中挪科学合作和北极建站打下了坚实的基础。1995年12月4—10日,以中国科学院资源环境科学与技术局局长秦大河为团长(成员有高登义、张青松、刘小汉、刘健和赵进平)的中国科学院代表团参加在美国举行的国际北极科学委员会(ISCA)的科学答辩,申请加入国际北极科学委员会。加入国际北极科学委员会要具备两个条件:第一,必须有三年以上的北极科学考察历史;第二,必须有北极科学考察的论文。为此,我们把已发表的考察北极的文章翻译为厚厚的一本英文文集。中国科学院派出六个科学家参加,笔者是其中的一个。答辩进行了两天,最后我们通过了答辩,以中国科学院的身份参加了国际北极科学委员会。1996年,国家海洋局成立了极地办公室,由极地办公室主任陈立奇和中国科学院资源环境科学与技术局局长秦大河等代表我国出席国际北极科学委员会,以中国政府的名义加入了国际北极科学委员会。1996年8月,笔者陪同中国科学探险协会主席刘东生院士到北极访问斯瓦尔巴州州政府,加快了我国北极建站的步伐。1997年,在国家自然科学基金委员会的支持下,中国科学院大气物理研究所、中国气象科学研究院与北极大学(UNIS)合作在北极斯瓦尔巴群岛及其邻近海域进行北极大气科学考察,加快了中国北极建站的步伐。

(3) 走"科学与企业、新闻媒体三结合"的道路,完成北极建站任务

经过前后多年的努力,2001年9月挪威驻中国大使馆致函中国科学探险协会,邀请中国赴斯瓦尔巴群岛考察并建站。在国内企业的支持下,2002年,我们建立了第一个北极科学探险考察站——中国伊力特·沐林北极科学探险考察站。建站时,收到了十几个国家集邮爱好者的来信,要求签字盖章,而且有40多个科学家访问了我们这个站,从此中国人有了自己的科学考察基地。

此次北极建站考察,得到了全国政协副主席宋健院士的表彰,他给中国科学探险协会写信说:"雅江探险活动反映甚好,也有重大科学价值,现北极站也已落实,极好,这是中国科学家们'走出去'的一项很有价值的活动,祝你们在新的方向上取得成功,明年夏大概是去Svalbard的好时机,敬祝探险事业大成。"

在北极建站过程中,中央电视台、新华社、《人民日

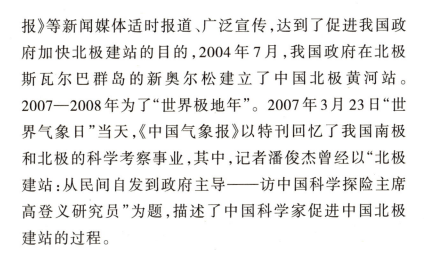

报》等新闻媒体适时报道、广泛宣传,达到了促进我国政府加快北极建站的目的,2004年7月,我国政府在北极斯瓦尔巴群岛的新奥尔松建立了中国北极黄河站。2007—2008年为了"世界极地年"。2007年3月23日"世界气象日"当天,《中国气象报》以特刊回忆了我国南极和北极的科学考察事业,其中,记者潘俊杰曾经以"北极建站:从民间自发到政府主导——访中国科学探险主席高登义研究员"为题,描述了中国科学家促进中国北极建站的过程。

(二)南极与华夏子孙的渊源

在一位英国人所写的《郑和与南极》一书,认为郑和曾经到过南极。然而,郑和是否到过南极、是否是第一位到达南极的中国人,还有待进一步考证。

第一批去南极进行科学考察的科学家是中国科学院的张青松和国家海洋局的董兆乾(1980年);中国第一次南极考察队的队长是郭琨(1984~1985);中国第一个横穿南极的科学家是秦大河(1989~1990)。中国在南极地区已有三个站:长城站、中山站和昆仑站。中国民间组织的南极科学考察有2005年经中国科学技术协会批准,中国科学探险协会组织南极六站科学考察,进行南极火山环境、企鹅信息传递、极地和青藏高原生态系

统对比研究，补充了国家在南极科学考察方面的空白。

我国在南极科学考察方面取得了很大的成就，这里不一一介绍，只介绍一下我国在采集和研究陨石方面的情况。目前我国已经在南极采集到陨石9834块，其中包括两块来自火星的陨石，成为世界上第三个采集陨石最多的国家，日本最多，美国第二。中国科学院刘小汉研究员及其研究集体对于我国南极陨石的采集和研究作出了重要贡献。

采集陨石主要是为了研究星体的特征及其变化。研究星体特征和变化的途径有三个：一是发射宇宙飞船到需要研究的星体上采集各种样品；二是通过高倍的天文望远镜来观测研究；三是通过采集地球上的陨石来研究。发射飞船到星体上去耗资巨大，研究制造高倍的天文望远镜也耗资不小，相对而言，在地球上采集陨石耗资最小。在南极采集的陨石，由于很少受外来的干扰，陨石俱存最好，更有利于研究；另外，我们在南极的冰雪世界当中曾经采集到来自月球背面的陨石，非常珍贵，而即使飞船也到不了月球的背面。

（三）青藏高原与华夏子孙的渊源

华夏子孙一直住在青藏高原上，这里只简要介绍一下近年来中国科学家和青藏高原的渊源。

1. 雅鲁藏布大峡谷与华夏子孙的渊源

1973—1984年,中国科学家先后多次在雅鲁藏布江流域进行科学考察。1994年,中国科学院的科学家在刘东生院士等前辈的指导下,在前人工作的基础上,论证了雅鲁藏布大峡谷为世界第一大峡谷。

1998年,在中国科学院的领导下,中国科学探险协会组织我国科学家和新闻工作者圆满完成了徒步穿越雅鲁藏布大峡谷科学探险考察。通过考察,取得了以下一些重要的科学成果。

第一,再次确认雅鲁藏布大峡谷为世界第一大峡谷。1989年,国家测绘总局对外公布,雅鲁藏布大峡谷的长度是506千米,平均深度是3200多米,最深为6009米,最窄处是35米。它远比美国的科罗拉多峡谷长度长、深度深、宽度窄。之后,世界上其他国家也逐渐承认雅鲁藏布大峡谷是世界第一大峡谷。

第二,在大峡谷的核心河段发现了四组大瀑布群,如绒扎瀑布、藏布巴东瀑布等,发现了古老物种缺翅目昆虫和红豆杉的新分布(喜马拉雅山脉北侧)。

第三,诊断确认不能以扩大雅鲁藏布大峡谷宽度来缓解我国西北地区干旱问题。在徒步穿越中,由于新闻媒体的广泛宣传,特别是对于雅鲁藏布江水汽通道作用的宣传,我国两位科学家联名给中央写信,建议扩大雅鲁藏布大峡谷宽度,增加水汽输送,解决西北地区干旱

问题。我们通过数值诊断分析,在一定的理想条件下,三江源地区的降水量可以增加20%~25%。但是,如果考虑天气实际情况,即副热带西风带客观存在,容易引起沿途爬坡降水的涡旋运动也存在的话,即使最强西南季风的年份,这种水汽输送也到不了我国青海的三江源地区,就在沿途下雨了。因此,通过扩大雅鲁藏布大峡谷来缓解我国西北地区干旱问题,从气象学的角度看是不现实的。

第四,建议成立"雅鲁藏布大峡谷国家级自然保护区"。徒步穿越后,高登义、杨逸畴、李渤生、关志华等四位科学家联名向西藏自治区热地书记提出书面建议,将原来的墨脱国家级自然保护区扩展为雅鲁藏布大峡谷国家级自然保护区,得到了西藏自治区和国家林业局的支持,于1999年正式成立,为雅鲁藏布大峡谷的可持续发展作出了应有的贡献。

2. 近代中国科学家在青藏高原的科学考察

1951—1953年,以李璞为队长的第一次青藏高原科学考察;

1958—1960年,以刘国昌为队长的珠穆朗玛峰(珠峰)登山科学考察;

1959—1960年,以朱岗崑为队长的祁连山融冰化雪科学考察;

1964年，以施雅风、刘东生为队长的希夏邦马峰登山科学考察；

1966—1968年，以刘东生、施雅风为队长的珠峰登山科学考察；

1973—1980年，以孙鸿烈为队长的青藏高原综合科学考察；

1975年，珠峰登山科学考察；

1977—1978年，以刘东生为队长的托木尔峰登山科学考察；

1981—1985年，以李文华为队长的横断山脉综合科学考察；

1980—2004年，珠峰环境科学考察；

l982—1984年，以刘东生为队长的南迦巴瓦峰登山科学考察；

1989—1990年，以武素功为队长的可可西里综合科学考察；

2005年，珠峰和可可西里综合科学考察等。

二、极地变化与人类未来

极地变化与人类未来关系非常密切，这里只选择当前的一些热点问题来讨论。

（一）南极资源未来可能开发吗

目前，世界上有一个"五十年不开采南极资源"的条约，条约的期限为1989—2039年。那么，到了2039年条约过期后，南极资源开发是否会提到日程上来呢？

要讨论此问题，必须了解"五十年不开采南极资源"的条约的签订背景。

1992—1994年，在中国科学院领导下，中国科学探险协会与法国古斯都基金会联合策划中国长江科学考察。这个合作考察虽然没有成功，但从中我们对法国古斯都院士有了一定的了解，尤其是他促进"五十年不开采南极资源"的条约的签订一事给我们留下了深刻的印象。那是1989年初，美国、法国、苏联酝酿对南极资源的有限开发。古斯都知道后，坚决不同意。他先后拜见了法国、美国总统和苏联领导人，说服他们暂时不要开发南极资源。之后，1989年10月9—20日在巴黎召开了第15届南极条约协商国会议，签订了50年内不开发南极资源的条约。

这个条约到2039年就要被废除了，如果在这之后要开发南极资源，会对南极造成多大的破坏呢？这是一个值得我们关注的问题。

（二）南极臭氧洞会逐渐扩展吗

自1985年英国科学家Farma用南极Halley Bay单站臭氧总量资料发现南极臭氧洞以来，臭氧洞问题就成了世界的热门话题。大家关心的问题是，南极臭氧洞是否会继续扩大，是否会向北半球移动？因为，臭氧总量减小，会给人类带来皮肤癌的威胁。如果南极臭氧洞向北移动的话，会加大人类得皮肤癌的可能性。所以，从那时起，世界上掀起了研究南极臭氧洞的高潮。

人们对南极臭氧洞的变化加强了观测和研究，发现南极上空的臭氧总量几乎以每年3%的速度递减，并发现了南极臭氧洞的形成原因。研究表明，南极臭氧洞形成的原因有两个：一是南极大陆冰盖是全球大气的大冷源，使得南极上空平流层在过度季节的气温可低于—78℃，形成冰晶云，破坏氮氧化物，为氯离子提供了与臭氧发生化学反应的条件，将臭氧变为氧分子和原子氧，破坏了臭氧层；二是人类排放过多的氟利昂气体，提供了大量的氯离子。

为了防止南极臭氧洞继续发扩大，国际政府签订了《蒙特利尔公约》。自此以来，南极臭氧总量的递减趋势有所减缓。

(三)全球气候变暖南极冰盖会融化吗

根据我国科学家的观测,近年来,南极内陆每年积雪1米左右,约相当于20毫米降雪,即每年南极大陆约增加280亿吨雪。

2005年5月20日,法国《科学与未来》杂志的报道与我国科学家观测结果比较一致:东南极地区的冰层大约每年获得降雪450亿吨。借助欧洲空间局ERS-1和ERS-2卫星,科学家研究了约70%的南极洲大陆冰层,发现从1992年到2003年东南极地区的冰层每年约上升1.81厘米。

美国国家航空航天局于2006年3月称,根据美国科罗拉多大学科学家分析美国和德国航空航天中心发射的"重力恢复与气候实验"卫星资料发现,2002年4月至2005年8月,西南极冰原每年融化152立方千米。这与上述结果完全相反。

为什么全球气候变暖南极冰盖融化的情况在东南极和西南极完全不同呢?这是因为,东南极比西南极纬度高,且东南极冰盖远远比西南极冰盖储藏的冰多,气温远比西南极低;另外,我国长城站和中山站多年地面气温观测资料表明,20多年来,位于东南极的中山站的地面气温不仅没有升高,而且每10年降低0.06℃,与此相反,位于西南极的长城站的地面气温每10年升高

0.6℃,远远高于全球地面气温的平均升高值(0.74℃/100年)。

从目前来看,尽管全球气候变暖,但东南极冰盖不仅不融化,反而在增加;西南极的冰雪融化非常显著。

(四)青藏高原会变矮吗

1. 从珠峰高程变化看青藏高原高程变化

1975年,中国测得珠峰高程为8848.13米;2005年,中国测得珠峰高程为8844.43米;据观测,30年来海平面高度增加了0.7米。根据上述资料,再考虑两次测量珠峰高程的多种误差,计算结果表明,珠峰高程实际减少了约0.42米。若再考虑测量冰雪厚度和高程的测量误差(±0.1~±0.36)米,可以说,30年来,珠峰岩石高程变化不大或稍有减小。

为此,是否可以推测,在1975年前,珠峰每年上升3~10毫米,然而,到近30年却稍有下降。那么,未来珠峰高程是否可能继续下降?青藏高原是否也要下降?笔者认为,目前还难确定,必须在青藏高原上多测量几个地方的高程变化,才能确定青藏高原是否真正在变矮。

2. 青藏高原变矮会带来什么结果

根据数值模拟实验，如果青藏高原逐渐变矮，以至于恢复到过去海拔1000米的高度，除了会严重影响东亚大气环流变化外，世界沙漠将重新分布，我国东部平原可能变为沙漠。

（五）珠峰顶冰雪层厚度减小是气候变暖的结果吗

前几年，测绘专家根据卫星资料推算，自1966年到1999年，珠峰顶部的冰雪层厚度减少了1.3米。据此，有冰川学家认为，这是由于全球气候变暖改变了珠峰顶部冰雪的厚度。笔者认为，以目前全球气候变暖的程度不会使得珠峰顶部的冰雪减少1.3米。因为，珠峰顶部的年平均气温是-20℃左右，即使珠峰顶部温度增加1℃，仍然只是-19℃。

根据1966—1999年登山活动情况来判断，珠峰顶部冰雪厚度变化，基本上是由于登山活动的影响。1966年之前，登上珠峰顶部者不到10人，而到1999年登顶人数已经超过了1000人次，其中，每次登顶人数在20～66人的有10多次。我们知道，珠峰顶部的面积约25平方米，如此多的登山队员穿着冰爪登山鞋集中在25平方米的冰雪面上，必然破坏冰雪表面，大风会把破碎了的冰雪吹走，珠峰顶的冰雪厚度自然就会减小了。

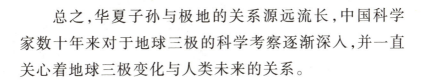

极地变化与人类关系

总之,华夏子孙与极地的关系源远流长,中国科学家数十年来对于地球三极的科学考察逐渐深入,并一直关心着地球三极变化与人类未来的关系。

雅鲁藏布大峡谷

编辑说明

　　这套书中的个别报告曾经在其他场合讲过,或曾经在其他刊物发表,为了保持报告完整性并加以更广泛的科普宣传,仍将其收入书中。为了统一风格,所附参考文献不再列出,敬请谅解。

　　书中所配插图主要系编辑所加,其中大部分取得了版权所有者的授权。由于时间紧急,个别图片尚未联系到版权人,敬请图片作者与北京大学出版社联系。联系电话(010)62767857。